Felix Buba

Análise de chumbo, cobre e cádmio em Anka, Estado de Zamfara, Nigéria

AF665213

Felix Buba

Análise de chumbo, cobre e cádmio em Anka, Estado de Zamfara, Nigéria

Concentrações, distribuições espaciais, relações com actividades locais de processamento de minério e impactos ambientais

ScienciaScripts

Imprint

Any brand names and product names mentioned in this book are subject to trademark, brand or patent protection and are trademarks or registered trademarks of their respective holders. The use of brand names, product names, common names, trade names, product descriptions etc. even without a particular marking in this work is in no way to be construed to mean that such names may be regarded as unrestricted in respect of trademark and brand protection legislation and could thus be used by anyone.

Cover image: www.ingimage.com

This book is a translation from the original published under ISBN 978-3-659-85461-3.

Publisher:
Sciencia Scripts
is a trademark of
Dodo Books Indian Ocean Ltd. and OmniScriptum S.R.L publishing group

120 High Road, East Finchley, London, N2 9ED, United Kingdom
Str. Armeneasca 28/1, office 1, Chisinau MD-2012, Republic of Moldova, Europe
Printed at: see last page
ISBN: 978-620-8-35773-3

Copyright © Felix Buba
Copyright © 2024 Dodo Books Indian Ocean Ltd. and OmniScriptum S.R.L publishing group

Índice:

RECONHECIMENTO

Aprecio profundamente e dou louvores e graças a Deus Todo-Poderoso por me ter dado a capacidade de empreender e concluir este curso de estudo e o trabalho de investigação. A Ele seja toda a glória, honra e adoração, agora e para sempre, Amém.

Ficarei para sempre grato ao Diretor Executivo do Centro Regional Africano para a Educação em Ciências e Tecnologias Espaciais em Inglês (ARCSSTE-E), Prof. J. O. Akinyede, pelo seu estilo de liderança nascido de uma grande visão que me abriu a oportunidade, a mim e a outros membros do pessoal, de realizar diferentes programas académicos. É uma manifestação da sua política de desenvolvimento das capacidades do pessoal no interesse geral da empresa e, por conseguinte, deve ser louvada.

Estou também profundamente grato aos meus supervisores, Dr. A. O. Akingbade e Dr. S. O. Aboyeji, pela sua paciência, encorajamento, orientação e críticas profissionais. A sua experiência e empenho foram inestimáveis para racionalizar e orientar a investigação. A sua abertura, comentários analíticos e sugestões convincentes contribuíram em grande medida para a realização e conclusão bem sucedida desta investigação. Tenho para com eles uma grande dívida de gratidão e apreço.

Desejo também expressar a minha sincera gratidão ao Diretor de Estudos (D. O. S) da RECTAS, Prof. O. O. Fabiyi, e ao Chefe do Departamento de Cartografia, Dr. J. O. Oloukoi, pela sua astuta perspicácia administrativa que tornou a nossa estadia e os nossos estudos académicos gratificantes e agradáveis, e, na verdade, a todo o pessoal académico da RECTAS pelos seus conselhos e assistência durante todo o período de estudo, nomeadamente, o Dr. J. O. Oloukoi. Oloukoi, pela sua perspicácia administrativa que tornou a nossa estadia e as nossas actividades académicas gratificantes e agradáveis, e, na verdade, a todo o pessoal académico do RECTAS pelos seus conselhos e assistência ao longo da duração do meu estudo, nomeadamente, o Dr. R. O. Oyinloye, o Dr. J. Rilwani, o Sr. G. Yesuf, o Sr. Soumah, a Menina D. Alaigba e o Sr. Ayila. Não posso deixar de reconhecer também a perícia e a experiência do meu examinador externo, Prof. C. Okpala-Okaka, que contribuiu para o meu trabalho durante a defesa final desta tese.

Gostaria também de expressar a minha gratidão aos meus colegas de curso. Foi, de facto, uma honra e um privilégio ter conhecido e estudado com um grupo de pessoas tão maravilhoso. Apreciarei para sempre a amizade e a camaradagem que se desenvolveram entre este grupo de indivíduos maravilhosos que, por razões de espaço, não me permitem enumerar pelos nomes.

Gostaria de deixar registado o apoio inabalável da minha família. De facto, estou profundamente grato à minha mulher, Eunice Buba, pelo seu apoio inequívoco, grande paciência e compreensão, especialmente quando as actividades académicas exigiram muito do meu tempo. Devo também agradecer à minha filha, Bethiel Buba, e ao meu filho, Philip Buba, por terem suportado as minhas ausências durante a realização deste programa. Muitas vezes, já estavam a dormir antes de eu chegar a casa! Não posso deixar de reconhecer o apoio moral e espiritual dos outros membros da minha família: a minha mãe, Sra. F. B. Gajere; os meus irmãos: Nerus, Ehud, Methuselah e Abednego; a minha irmã, Sra. Abigail Jonah; e os meus tios, nomeadamente o Sr. E. N. Gajere.

Por último, gostaria de expressar a minha gratidão ao Sr. Nura Anka, que foi muito útil durante o meu trabalho de campo no Estado de Zamfara, e a todos os indivíduos e agências/organizações que contribuíram de alguma forma para a conclusão bem sucedida deste trabalho de investigação, demasiado numerosos para serem mencionados aqui. No entanto, não posso deixar de mencionar o meu bom amigo, o Sr. Michael Takarda, que foi um pilar de apoio no decurso deste trabalho. Que o Deus Todo-Poderoso, o galardoador de todas as boas obras, vos recompense e abençoe grandemente de acordo com as Suas riquezas em glória. Amém.

DEDICAÇÃO

Este trabalho é dedicado à memória da minha falecida irmã, ***Bethiel Buba Gajere****, que partiu demasiado cedo do mundo dos vivos.*

Capítulo 1

1.0 INTRODUÇÃO

1.1 Antecedentes do estudo

Há muito que o chumbo é reconhecido como um poluente ambiental nocivo. Em 1991, o Secretário do Departamento de Serviços Públicos dos Estados Unidos da América referiu-se ao chumbo como a principal ameaça ambiental para a saúde das crianças nos Estados Unidos (Mitra A. K., Haque A., Islam M. e Bashar S. K., 2009). O chumbo é o mais comum dos metais pesados, representando 13 mg/kg da crosta terrestre, e é utilizado na produção de baterias de chumbo-ácido, solda, ligas, revestimento de cabos, pigmentos, inibidores de ferrugem, munições, esmaltes e estabilizadores de plástico (Organização Mundial de Saúde, 2011a). De acordo com a Organização Mundial de Saúde (2011b), o chumbo é um metal tóxico cuja utilização generalizada tem causado uma extensa contaminação ambiental e problemas de saúde em muitas partes do mundo, estimando-se que a exposição humana ao chumbo seja responsável por 143 000 mortes por ano e 0,6% da carga global de doenças. Riederer A. M., Clune A. L. e Falk H. (2011) estimam que o peso global das doenças devidas à exposição ao chumbo é de 0,9 %, afirmando ainda que esta estimativa exclui as exposições em pontos críticos, como a crise do chumbo no Senegal e na Nigéria.

O chumbo tem sido descrito como um tóxico cumulativo que afecta múltiplos sistemas corporais, incluindo os sistemas neurológico, hematológico, gastrointestinal, cardiovascular e renal, sendo as crianças particularmente vulneráveis aos efeitos neurotóxicos do chumbo, em que mesmo baixos níveis de exposição podem causar danos neurológicos graves e, em alguns casos, irreversíveis (Mitra *et al.*, 2009; Centers for Disease Control and Prevention, 2005; OMS, 2011b). As fontes de chumbo que conduzem ao envenenamento incluem o chumbo no ar, que ocorre principalmente devido aos aditivos da gasolina e às emissões industriais; o chumbo na poeira derivado do solo e dos poluentes transportados pelo ar ou dos pais que o trazem para casa depois de terem sido expostos no local de trabalho; o chumbo na água, que ocorre através da contaminação em vários pontos do sistema de distribuição de água potável, o chumbo nos alimentos, que resulta de latas de alimentos e bebidas e

certos vegetais, chumbo em tintas, esmaltes cerâmicos e cosméticos, e chumbo proveniente de fundições de chumbo, incineradores, fábricas de reciclagem de baterias e outras actividades industriais (Dooyema C. A., Neri A., e Lo Y.C.,2012; Cheng e Hu, 2010; OMS, 2010; Tong S., van Schirnding Y. E., e Prapamontol T., 2000). As recentes reduções na utilização de chumbo na gasolina, nas tintas, nas canalizações e nas soldas resultaram em reduções substanciais dos níveis de chumbo no sangue. No entanto, continuam a existir fontes significativas de exposição ao chumbo, particularmente nos países em desenvolvimento (CDC, 2004; OMS, 2010).

1.2 Declaração do problema

Os Centros de Controlo e Prevenção de Doenças dos Estados Unidos (2005) afirmaram que nenhum nível de chumbo no sangue de uma criança podia ser especificado como "seguro". Nesta perspetiva, a crise do chumbo no Estado de Zamfara deve ser considerada como uma catástrofe. Lo Y. C., Dooyema C. A., e Neri A. (2012) descreveram-na como uma catástrofe ambiental "sem precedentes", enquanto a OMS (2011c) a descreveu igualmente como uma emergência ambiental "sem precedentes". A crise do chumbo no Estado de Zamfara chamou a atenção do mundo quando, em março de 2010, os Médicos Sem Fronteiras foram alertados para um elevado número de mortes de crianças em algumas localidades do Estado de Zamfara, na Nigéria, onde se estimava que cerca de quatrocentas crianças tinham morrido (MSF, 2012). Mais tarde, análises laboratoriais confirmaram níveis elevados de chumbo no sangue das crianças sobreviventes. Estas mortes foram alegadamente causadas por envenenamento agudo por chumbo em resultado de uma contaminação ambiental maciça provocada pela extração artesanal em pequena escala (ASM) e pelo processamento de ouro em minério rico em chumbo (Dooyema *et al.*, 2012). Esta afirmação foi corroborada pela OMS (2011c) quando observou que foi registada uma elevada incidência de convulsões e morte em crianças pequenas em algumas aldeias do Estado de Zamfara, com uma forte probabilidade de que tal se deva a envenenamento por chumbo, e que a escala total do problema ainda não está totalmente determinada.

Nos países em desenvolvimento, a consciência dos impactos da exposição ao chumbo na saúde pública está a aumentar, mas relativamente poucos desses países introduziram políticas e regulamentos para combater significativamente o problema (Tong *et al.*, 2000). Tanto a exposição profissional como a exposição ambiental continuam a ser um problema grave em muitos países em desenvolvimento e em vias de industrialização. A exposição ao chumbo é uma questão de saúde pública global, mas só agora está a ser reconhecida como um problema potencial em muitos países em desenvolvimento, com estudos apenas agora a serem relatados em África, na Ásia e na América do Sul (Tong *et al.*, 2000). Riederer *et al.* (2011) descreveram o Estado de Zamfara como um hotspot de exposição ao chumbo e poluição ambiental, e chamaram a atenção para a

existência contínua de hotspots de chumbo no mundo em desenvolvimento, minando a necessidade de investigação nestas regiões onde os dados são de má qualidade ou inexistentes.
Apesar do reconhecimento de que o chumbo é um perigo ambiental e de saúde pública de proporções globais, as dimensões espaciais do envenenamento por chumbo no mundo em desenvolvimento continuam a ser mal compreendidas devido à persistente falta de dados. Isto contrasta com os países desenvolvidos onde foram efectuados estudos (por exemplo, Eisler, 1988; Mielke e Reagan, 1998; Fewtrell L., Kaufmann R., e Pruss-Ustun A., 2003; Fewtrell L. J., Pruss-Ustun A., Landrigan P., e Ayuso-Mateos J. L., 2004; Perham, 2009; Gould, 2010; van Geen A., Bravo C., Gil V., Sherpa S., e Jack D., 2012). Os poucos estudos efectuados na Nigéria, em particular no Estado de Zamfara (por exemplo, Dooyema *et al.*, 2012; Lo *et al.*, 2012), limitaram-se sobretudo à componente clínica do problema, que envolve a análise dos níveis de chumbo no sangue e o tratamento. A dimensão espacial do envenenamento por chumbo não tem sido enfatizada.
Os métodos geoespaciais foram utilizados para investigar as concentrações de chumbo e a distribuição espacial nas cidades mineiras peruanas (van Geen *et al.*, 2012), o que estimulou a abordagem adoptada neste estudo. O presente estudo, portanto, teve como objetivo utilizar a abordagem geoespacial para analisar a dimensão espacial da concentração de chumbo na área de estudo.

1.3 Finalidade e objectivos

1.3.1 Objetivo

O objetivo deste estudo é utilizar uma abordagem geoespacial para analisar o padrão espacial da concentração de chumbo no solo da área de estudo.

1.3.2 Objectivos

Os objectivos específicos do estudo são os seguintes

i. Analisar as concentrações de chumbo, cobre e cádmio no solo da área de estudo;
ii. Determinar o padrão espacial de disseminação e a variação espacial da concentração de chumbo na área de estudo; e
iii. Determinar a relação entre a concentração de chumbo e o processamento local de minério de ouro na área de estudo.

1.3.3 Questões de investigação

i. Qual é o padrão espacial de propagação da concentração de chumbo na área de estudo?
ii. Quais são as contribuições do cobre e do cádmio para a contaminação ambiental da zona de estudo?
iii. Qual é a relação entre o processamento local de minério de ouro e a concentração de chumbo na área de estudo?

1.4 Área de estudo

1.4.1 Localização, extensão e população

Anka é uma das 14 administrações locais do Estado de Zamfara. Situa-se entre as latitudes $11^{0}39'$N e $12^{0}18'$N, e as longitudes $5^{0}54'$E e $6^{0}19'$E. A zona faz fronteira a norte com os Lugares de Bakura e Talatu-Mafara, a oeste com o Lugar de Bukkuyum, a sul com o Lugar de Maru e a leste com os Lugares de Maru e Bungudu (Figura 1.1). Com uma área de 2.940 km^2, Anka tem uma população de 263.400 habitantes (National Population Commission, 2006, citado em Blacksmith Institute, 2011). Este estudo envolveu dez aldeias que asseguraram uma distribuição boa e uniforme dos locais de estudo no governo local de Anka. Sabe-se que cinco das aldeias participaram/participam ainda na extração e transformação local de minério de ouro, enquanto cinco aldeias não se dedicam à extração e transformação de minério de ouro. As dez aldeias são Abare, Sunke, Waramu, Barayar Zaki, Tungan Daji, Bagega, Dareta, Kwanar Maje, Bambaram e Mallamawa.

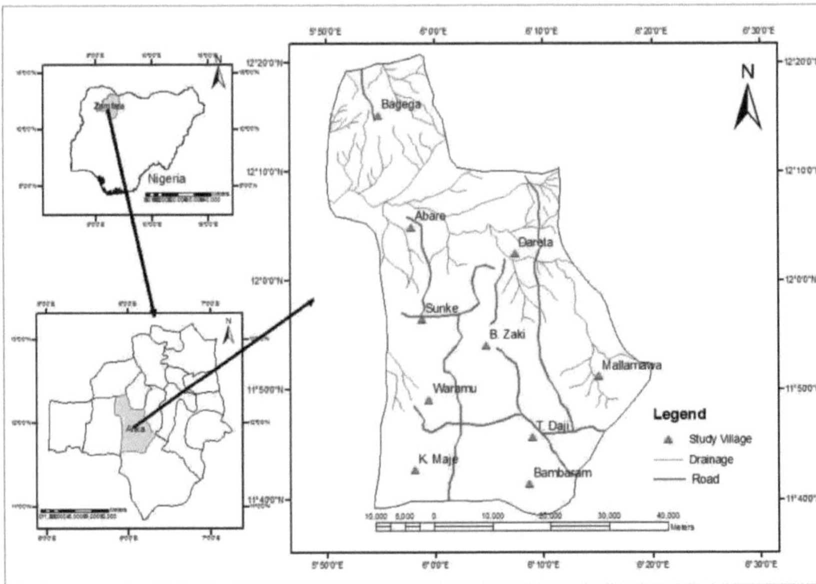

Figura 1.1: Área de estudo

1.4.2 Geologia

A geologia do Estado de Zamfara é caracterizada por um complexo de subsolo cristalino (rochas ígneas e metamórficas muito antigas) formado durante as eras pré-cambriana, cambriana e paleozóica. Dois tipos de rochas são proeminentes: granitos e meta-sedimentos. A ocorrência/mineralização de chumbo-zinco na Nigéria está frequentemente associada a quantidades menores ou significativas de cobre e ouro. Actividades de exploração recentes da Agência de Pesquisa Geológica da Nigéria mostram que existe mineralização de chumbo/zinco/cobre no complexo cristalino do subsolo no Estado de Zamfara (Ministério das Minas e do Desenvolvimento do Aço, 2010b).

Especificamente, a geologia de Anka é caracterizada pela cintura de xistos de Anka que alberga a mineralização de chumbo e a associação polimetálica chumbo-cobre-prata-ouro (Pb-Cu-Ag-Au) (MMSD, 2010a). A mineralização de chumbo (Pb) no Estado de Zamfara ocorre em veios e como filões em rochas de parede numa variedade de rochas como quartzo-xistos e quartzo-filíticos dentro da cintura de xistos Anka de tendência N-S do noroeste da Nigéria. A mineralização está espacialmente relacionada com os dois sistemas de falhas regionais da cintura de xistos - as falhas de Anka e Kalangai com conjuntos subsidiários ou conjugados. Pensa-se que estas descontinuidades se desenvolveram durante as fases de declínio da orogenia pan-africana, o que abriu caminho para a geração e migração de fluidos mineralizantes/hidrotermais (MMSD, 2010b). Os fluidos de mineralização, possivelmente de origem crustal, precipitaram consequentemente a associação polimetálica de Pb-Cu- Ag-Au observada nestas áreas. Isto levou à extração em pequena escala de minério de ouro na área de estudo.

1.4.3 Clima, solo e vegetação

O clima de Anka é tropical quente, com temperaturas que podem atingir os $^{38°C}$ entre março e maio. A estação das chuvas começa no final de maio e vai até setembro, enquanto a estação seca, conhecida como harmattan, dura de dezembro a fevereiro. Dois tipos principais de solos, os solos tropicais ferruginosos e os litossolos, dominam o governo local (Udiba U. U., Ogabiele E. E., Hammuel C., Mgomya A. M., Yebpella G. G., Ade-Ajayi A. F., Odey M. O. e Gauje B., 2012). O solo tropical ferruginoso, caracterizado por um horizonte superficial arenoso com uma subsuperfície argilosa, pode ser encontrado nas partes norte e central da área. São susceptíveis à erosão, uma vez que o solo superficial é facilmente arrastado pela água da chuva, especialmente se a cobertura vegetal for removida. Os litossolos, por outro lado, podem ser encontrados na parte oriental do governo local. Esta categoria de solos é pouco fértil e, por conseguinte, de baixa produtividade agrícola (Udiba *et al.*, 2012). A vegetação da área consiste na Savana da Guiné do norte, caracterizada por arbustos curtos e fibrosos.

1.4.4 Actividades humanas

Anka é habitada principalmente por povos Hausa e Fulani, com algumas outras tribos, como os Igbo e os Yoruba, envolvidas numa ou noutra forma de atividade comercial. No entanto, a atividade predominante da população de Anka é a agricultura, com mais de 80% dos habitantes envolvidos em várias formas de agricultura (Programa das Nações Unidas para o Ambiente/Gabinete de Coordenação dos Assuntos Humanitários, 2010). Os principais produtos agrícolas incluem o painço, o milho-da-índia, o milho, o arroz, os amendoins, o algodão, o tabaco e o feijão.

Há décadas que existe algum nível de atividade local de extração artesanal de ouro em Anka, mas a recente valorização substancial do preço do ouro resultou num interesse renovado na extração e processamento de minério de ouro na área de estudo (Médicos Sem Fronteiras, 2012). Existe agora uma indústria mineira artesanal cada vez mais ativa, com muitas pessoas que até agora eram agricultores a abandonarem completamente a agricultura e a estabelecerem operações locais de processamento de minério nos seus complexos, ignorando ou não se importando com as consequências ambientais.

1.5 Âmbito do estudo

O estudo visa, em grande medida, aplicar técnicas de sistema de informação geográfica (SIG) e análises laboratoriais pormenorizadas de dados do solo para mostrar a distribuição espacial e a variação da concentração de chumbo no solo da área de estudo. As análises laboratoriais restringiram-se aos dados do solo devido às implicações ambientais óbvias das actividades mineiras levadas a cabo no Governo Local de Anka, que conduzem diretamente ao envenenamento por chumbo em resultado do contacto com o solo contaminado, especialmente nas crianças. A estatística inferencial foi também utilizada para estabelecer uma ligação ou uma relação entre as actividades mineiras na área de estudo e a concentração de chumbo. Isto constituiu a base da afirmação de que a atividade mineira, que conduz à contaminação do solo, é a causa do envenenamento por chumbo na área de estudo.

1.6 Relevância do estudo para a sociedade

Nunca é demais sublinhar a importância da investigação sobre a poluição ambiental por chumbo numa sociedade como a Nigéria, onde existe uma proliferação de operações mineiras ilegais. Os mineiros locais são, na sua maioria, ignorantes e, por vezes, não estão conscientes das consequências das suas operações. Algumas das utilidades deste estudo para a sociedade são destacadas abaixo:

i. A cartografia da concentração de chumbo nos solos é muito necessária porque, se fossem disponibilizados mapas adequados a nível local, as crianças pequenas, que estão especialmente expostas ao risco de ingerir solo quando brincam, poderiam ser levadas a evitar as áreas contaminadas.
ii. Este estudo é muito útil para os responsáveis políticos e decisores no planeamento de intervenções em áreas contaminadas por chumbo. A variação espacial na concentração de chumbo irá destacar as áreas que necessitam urgentemente de intervenção.
iii. Este estudo pode ser útil para campanhas de sensibilização, por exemplo, para a comunicação de mensagens sobre saúde e sensibilização para os riscos, e para a defesa de práticas mineiras mais seguras.
iv. Este estudo é igualmente relevante para a formulação de políticas. A informação correta, quando disponível, conduzirá à formulação das políticas corretas. Nos países em desenvolvimento, relativamente poucos países introduziram políticas e regulamentos para combater a poluição ambiental por chumbo. Investigações como a do presente estudo irão criar consciencialização e a necessidade de tais políticas e regulamentos.

1.7 Limitações do estudo

i. A livre circulação durante o trabalho de campo foi um grande desafio devido aos riscos de segurança associados ao estado de Zamfara. O investigador recorreu à ajuda de um indigena para garantir uma deslocação segura.
ii. Devido à cultura do povo, foi negado ao investigador o acesso a alguns complexos onde se realizavam actividades de tratamento de minério.

Capítulo 2

2.0 REVISÃO DA LITERATURA

2.1 Antecedentes históricos do envenenamento por chumbo

O chumbo é um metal pesado que tem estado associado à civilização humana desde a prática mais antiga da metalurgia; no decurso da extração e concentração do minério, da fundição do minério para purificar o metal e do fabrico de produtos úteis a partir do chumbo, tem havido uma transferência geoquímica do chumbo das minas para o habitat humano (Mielke e Reagan, 1998). O chumbo é um constituinte natural da crosta terrestre e o metal tóxico mais disperso no mundo, uma vez que é comummente encontrado nos solos, nas plantas e na água (Cheng e Hu, 2010). Foi descrito como o mais abundante dos metais pesados na crosta terrestre e, em resultado da sua utilização desde os tempos pré-históricos, tornou-se amplamente distribuído e mobilizado no ambiente, levando a um aumento da exposição e da absorção deste elemento não essencial (O'Dwyer, 1998; Tong *et al.*, 2000). O chumbo tem sido extraído e utilizado pela humanidade há 6000 anos e a história do envenenamento por chumbo tem quase 2500 anos (Hernberg, 2000). O envenenamento por chumbo era comum no tempo dos romanos devido à utilização de chumbo em condutas de água e recipientes de barro, e no armazenamento e adoçamento de vinho (Eisler, 1988; Tong *et al.*, 2000). O envenenamento era epidémico e diz-se que causou muitos nados-mortos, deformações e casos de danos cerebrais, o que levou a sugerir que o envenenamento generalizado por chumbo, que afectava seletivamente os patrícios que bebiam muito vinho e tinham acesso a canalizações, contribuiu para a decadência e eventual queda do Império Romano (Eisler, 1988; Hernberg, 2000). Industrialmente, o chumbo e os seus compostos passaram a ser mais utilizados no início da Nova Era, por exemplo, na olaria, na canalização, na construção naval, no fabrico de janelas, na indústria de armamento e na impressão de livros. Consequentemente, o envenenamento por chumbo tornou-se uma praga na Europa e mais tarde na América durante os séculos XV, XVI, XVII e XVIII (Hernberg, 2000). O envenenamento grave era caracterizado por paralisia, encefalopatia, palidez e cólicas abdominais, e a taxa de mortalidade dos casos era muito elevada. Isto levou a uma lenta tomada de consciência da necessidade de acções preventivas, tendo sido introduzidas em muitos países várias medidas legislativas e outras medidas preventivas (Eisler, 1988; Tong *et al.*, 2000). Após o advento dos veículos a motor no início do século XX, registou-se um aumento substancial da contaminação ambiental por chumbo devido à utilização de chumbo na gasolina, o que levou a um aumento da exposição da comunidade ao chumbo ambiental durante grande parte do século (Hernberg, 2000). A poluição atmosférica resultante da combustão de gasolina com chumbo contendo tetraetilchumbo (TEL) era comum e, desde então, o aumento das emissões de chumbo para a atmosfera tem acompanhado as tendências do teor e consumo de chumbo na gasolina. A contaminação global por chumbo, atribuível ao grande aumento da circulação de chumbo no solo, na água e no ar em resultado das actividades humanas, manteve-se significativa (Tong *et al.*, 2000; Cheng e Hu, 2010).

2.2 Quadro concetual

Fewtrell *et al.* (2004) desenvolveram um quadro de exposição ao chumbo no qual as fontes de chumbo libertadas no ambiente foram associadas a vias de exposição que conduzem a cargas corporais mensuráveis de chumbo e, em última análise, aos efeitos adversos do chumbo no corpo humano (Figura 2.1). Neste quadro, as canalizações com chumbo para o abastecimento de água na comunidade estão ligadas às concentrações de chumbo na água potável como via de exposição; as tintas com chumbo nas habitações, a utilização de gasolina e a atividade industrial estão ligadas às concentrações de chumbo no ar e nas poeiras como vias de exposição; a utilização de gasolina com chumbo, a atividade industrial e a utilização de cerâmica com chumbo ou de latas que contenham alimentos e bebidas estão ligadas ao chumbo nos alimentos como via de exposição. Estas vias de exposição resultam numa carga corporal mensurável de chumbo, conduzindo a efeitos adversos para a saúde dos sistemas do corpo humano.

A partir deste enquadramento, pode ser deduzido um conceito fundamental sobre o envenenamento por chumbo. Para que o envenenamento por chumbo ocorra, tem de haver uma fonte de exposição (por exemplo, a utilização de gasolina) que se traduza numa via de exposição (por exemplo, o chumbo no ar) que, quando inalado, resulte numa carga corporal mensurável de chumbo (por exemplo, níveis elevados de chumbo no sangue) e, em última análise, num envenenamento por chumbo evidenciado pelos efeitos adversos para a saúde, como a anemia. O presente estudo situa-se no âmbito deste conceito e enquadramento. A fonte suspeita de exposição neste estudo é a atividade industrial (extração de ouro), que está ligada a concentrações de chumbo no ar e nas poeiras, resultando numa carga corporal mensurável de chumbo se ingerido e inalado, levando aos efeitos adversos do envenenamento por chumbo, como é o caso em Anka, no estado de Zamfara.

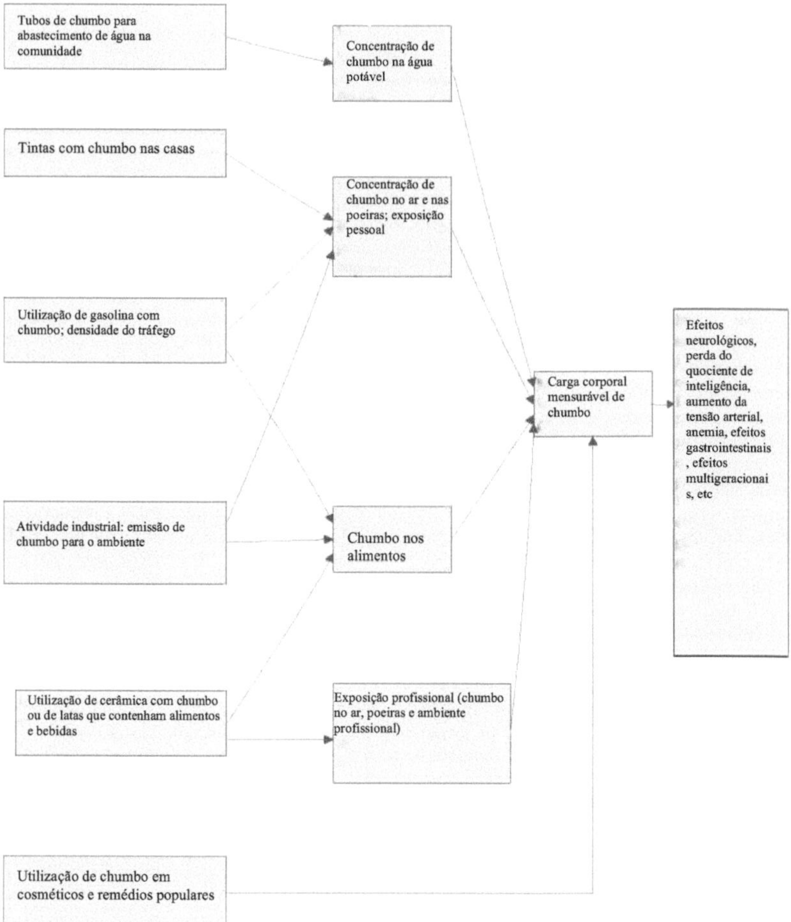

Figura 2.1: Enquadramento da exposição ao chumbo

Fonte: Fewtrell *et al.*, 2004

Conceito chave: Fonte de exposição ⟶ Via de exposição ⟶ Organismo mensurável Carga de chumbo ⟶ Efeitos adversos no sistema do corpo humano

2.3 O chumbo e as suas propriedades

O chumbo é um metal pesado que ocorre naturalmente na crosta terrestre e é disperso em pequenas quantidades no ambiente por processos naturais (UNEP/OCHA, 2010). No entanto, também é trazido para o ambiente através de actividades humanas, a maioria das quais provém da queima de fósseis, da exploração mineira e da indústria transformadora (Eisler, 1988; Hernberg, 2000; Tong *et al.*, 2000; Cheng e Hu, 2010; Udiba *et al.*, 2012). Acumula-se no ambiente, não é biodegradável e não perde a sua toxicidade ao longo do tempo (UNEP-UNICEF, 1997; O'Dwyer, 1998). Quando ingerido e inalado, circula na corrente sanguínea, é reabsorvido nos rins e no cérebro e deposita-se nos ossos e nos dentes. As provas disponíveis indicam que o chumbo não é essencial nem benéfico para os organismos vivos e que todos os efeitos medidos são adversos - incluindo os que afectam a sobrevivência, o crescimento, a reprodução, o desenvolvimento, o comportamento, a

aprendizagem e o metabolismo (OMS, 2010 e 2011b; Gould, 2010).
Sendo o mais comum dos metais pesados, representa 13mg/kg da crosta terrestre com vários isótopos existentes na natureza, incluindo, por ordem de abundância, $Pb^{(208)}$, $Pb^{(206)}$, $Pb^{(207)}$ e $Pb^{(204)}$, com um ponto de fusão de $327^{0}C$ (OMS, 2011a). Os principais minerais de chumbo são a galena (PbS) e a cerusite (PbCO3); a anglesite (PbSO4) é menos comum mas ocorre frequentemente (Cheng e Hu, 2010). O chumbo é normalmente encontrado em minérios que também contêm cobre, zinco e prata, e é extraído como um co-produto destes metais (van Geen *et al.*, 2012). É um metal prateado lustroso, macio e denso que mancha na presença de ar para se tornar um cinzento azulado baço. O metal tem um ponto de fusão relativamente baixo de $327{,}5^{0}C$ e um ponto de ebulição de $1740^{0}C$ (Canadian Council of Ministers of the Environment, 1999). A solubilidade do chumbo metálico é muito baixa, enquanto as solubilidades de outros compostos variam entre muito solúvel e extremamente insolúvel. O chumbo liga-se facilmente a outros metais, como o estanho, o antimónio, o cobre e o zinco.
O chumbo em si não se decompõe, mas os compostos de chumbo são alterados pela luz solar, pelo ar e pela água (UNEP/OCHA, 2010). Quando o chumbo é libertado para o ar, pode percorrer longas distâncias antes de se depositar no solo e aderir às partículas do solo. O movimento do chumbo do solo para as águas subterrâneas dependerá do tipo de composto de chumbo e das caraterísticas do solo (Eisler, 1998). O chumbo pode causar uma série de efeitos na saúde, desde problemas comportamentais e dificuldades de aprendizagem, até convulsões e morte, sendo que as crianças com seis anos de idade ou menos correm maior risco (Mitra *et al.*, 2009; OMS, 2010; Dooyema *et al.*, 2012; Lo *et al.*, 2012). A exposição, mesmo a baixos níveis de chumbo durante um período prolongado, conduz a um envenenamento crónico, uma vez que o chumbo faz parte de uma classe limitada de elementos que podem ser descritos como puramente tóxicos (Dooyema *et al.*, 2012; Udiba *et al.*, 2012). A maioria dos outros elementos, embora tóxicos em concentrações elevadas, são de facto nutrientes necessários em níveis mais baixos (Udiba *et al.*, 2012). Não existe, portanto, um nível de exposição abaixo do qual o chumbo pareça ser seguro (CDC, 2004 e 2005; Lo *et al.*, 2012; Udiba *et al.*, 2012).

2.4 Fontes de exposição ao chumbo

O chumbo existe na crosta terrestre, principalmente como sulfureto de chumbo, e ocorre naturalmente no ambiente através de uma variedade de mecanismos, incluindo emissões vulcânicas, meteorização geoquímica, emissões de pulverização marítima e remobilização de fontes históricas, como o chumbo no solo, sedimentos e água de áreas mineiras (OMS, 2010; Cheng e Hu, 2010). A maior parte da poluição por chumbo, no entanto, deriva da atividade humana para extrair e explorar o metal (Fewtrell *et al.*, 2003). Algumas destas actividades incluem a extração mineira, a fundição, a refinação e a reciclagem informal do chumbo, a produção de baterias de chumbo-ácido (placa 1), a utilização de gasolina com chumbo, a produção de tintas, o fabrico de jóias, a soldadura, a cerâmica e o fabrico de vidro com chumbo em indústrias informais e caseiras, os resíduos electrónicos e a utilização em tubagens de água e solda (Eisler, 1988; Tong *et al*, 2000; Pruss-Ustun A., Fewtrell L., Landrigan P. J., e Ayuso-Mateos J. L., 2004; Cheng e Hu, 2010; OMS, 2010 e 2011a).

Placa 1: Baterias de chumbo-ácido usadas (ULABs), uma fonte de exposição ao chumbo.
Fonte: Instituto dos Ferreiros (2010).

No entanto, poucas acções isoladas do homem tiveram efeitos tão extensos no ambiente como a introdução do chumbo tetraetilo (TEL) como aditivo da gasolina no final da década de 1920 (Hernberg, 2000). Verificou-se que a adição de TEL à gasolina tinha um forte efeito anti-detonante e melhorava o desempenho do motor. No entanto, o nível de exposição ao chumbo diminuiu drasticamente nos últimos 30 anos devido ao abandono do TEL (UNEP/UNICEF, 1997; CDC, 2004 e 2005). Nos Estados Unidos e na maioria dos países europeus, praticamente nenhuma gasolina com chumbo foi vendida depois de 1990, fazendo com que a tinta doméstica à base de chumbo e a poeira e o solo que ela contamina sejam as fontes mais comuns de exposição a altas doses de chumbo para crianças pequenas nos EUA atualmente (CDC, 2004; Dooyema *et al.*, 2012; Lo *et al.*, 2012).

No entanto, nos países em desenvolvimento, milhões de crianças e adultos estão expostos a níveis excessivos de chumbo no ambiente devido a emissões industriais não regulamentadas e a emissões de automóveis através de gasolina com chumbo, a uma aplicação pouco rigorosa dos regulamentos de segurança em matéria de saúde ambiental e ocupacional e a indústrias "caseiras" (domésticas), como o polimento e a fundição de metais, a medicamentos tradicionais que contêm chumbo e à utilização de artigos de cerâmica com chumbo incorretamente vidrados para cozinhar e armazenar alimentos (OMS, 2010; Cheng e Hu, 2010; PNUA/OCHA, 2010).

2.4.1 Tinta com chumbo em habitações

A utilização de tinta com chumbo na construção de habitações foi proibida nos EUA em 1978 (Gould, 2010). No entanto, as casas construídas antes da proibição têm grandes concentrações de tinta à base de chumbo e as poeiras e lascas relacionadas são as principais causas de níveis elevados de chumbo em crianças nos EUA

(CDC, 2004; Dooyema *et al.*, 2012; Lo *et al.*, 2012). Outras fontes acidentais de exposição doméstica incluem o fabrico de vitrais, cerâmica vidrada, remodelação de casas e brinquedos ou cerâmica contendo tinta à base de chumbo, utensílios de alimentação e outros alimentos importados e respectivas embalagens (Gould, 2010; OMS, 2011a).

As poeiras contaminadas podem ser a principal fonte de exposição dos bebés/crianças em países que já não utilizam gasolina com chumbo (CDC, 2005). O desgaste, a descamação ou o lascamento da tinta à base de chumbo, que se encontram principalmente em casas mais antigas, desempenham um papel na exposição das crianças, especialmente porque algumas crianças pequenas comem os fragmentos ou lambem os dedos carregados de poeira (O'Dwyer, 1998; CDC, 2004; OMS, 2010). Estudos efectuados em zonas urbanas dos EUA mostraram que a tinta descascada ou a poeira proveniente da tinta com chumbo durante a remoção podem contribuir significativamente para a exposição das crianças ao chumbo (CDC, 2004; OMS, 2011a).

2.4.2 Chumbo em poeiras/solos/sedimentos

O solo foi identificado como uma via significativa de exposição ao chumbo, tanto para crianças como para adultos. Embora o metal pesado se encontre naturalmente no solo em concentrações de 1 a 200mg/kg, com uma média de 15mg/kg, as fontes antropogénicas poluíram muitos solos substancialmente para além destes níveis e, nas zonas urbanas, o chumbo encontra-se frequentemente em concentrações superiores a 1000mg/kg (Mielke e Reagan, 1998). O chumbo no solo está associado a envenenamento grave por chumbo (Quadro 2), uma vez que os estudos apontam para o solo como a principal fonte dos níveis de chumbo no sangue da população, sendo o chumbo no solo um fator de risco maior do que as tintas à base de chumbo para as crianças que se dedicam a comportamentos do tipo "mão à boca" e "pica" (Eisler, 1988; Mielke e Reagan, 1998).

Placa 2: Os pátios de terra nua contaminados onde as crianças brincam são fontes de exposição ao chumbo

Fonte: CDC (2004)

O chumbo depositado nas estradas como resultado direto da combustão da gasolina é removido nas águas de drenagem e posteriormente acumulado nos solos das bermas das estradas (Eisler, 1988). Também se registam níveis elevados de chumbo nos solos nas imediações de instalações de recuperação de baterias de armazenagem, actividades de fundição, operações mineiras e de moagem, fábricas de cerâmica, refinarias de petróleo bruto, siderurgias, estaleiros navais, lamas de esgotos municipais e pesticidas à base de arseniato de chumbo (Mielke e Reagan, 1998; Tong *et al.*, 2000; Pruss-Ustun *et al.*, 2004). A maior parte do chumbo descarregado nas águas superficiais é rapidamente incorporado nos sedimentos em suspensão e nos sedimentos de fundo e a maior parte acabará por ser encontrada nos sedimentos marinhos.
Em 2001, a Agência de Proteção do Ambiente dos EUA (EPA) estabeleceu duas normas de perigo para o chumbo, a fim de proteger a saúde pública. As normas são 400mg/kg de chumbo total no solo nu das zonas de recreio das crianças e 1.200mg/kg de chumbo total no solo nu em qualquer outro local. O solo que exceda estas duas concentrações é considerado perigoso para a saúde humana e devem ser adoptadas medidas para evitar a exposição humana a este solo (USEPA, 2001). Como o chumbo é imóvel, os níveis no solo contaminado permanecerão essencialmente inalterados, a menos que sejam tomadas medidas para os descontaminar (OMS, 2011a).

2.4.3 Chumbo na água

O chumbo chega ao ambiente aquático através de descargas industriais e municipais, da deposição atmosférica, de processos de meteorização em áreas de mineralização natural de chumbo e do escoamento em auto-estradas (Eisler, 1988). O chumbo presente na água da torneira raramente é o resultado da sua dissolução a partir de fontes naturais, mas deve-se principalmente a sistemas de canalização domésticos que contêm tubos, soldas e acessórios de chumbo (OMS, 2010 e 2011a). A norma de perigo do chumbo na água é de 10ugl[1(i] acima da qual é considerado inseguro (OMS, 2010).
Battersby (2008) investigou a perda total dos membros da Expedição Franklin de 1845-8. Fragmentos de ossos e outros restos humanos de quase um quarto de todos os membros da expedição foram analisados quanto ao teor de chumbo. Sem exceção, todos os membros da expedição cujos ossos foram analisados apresentam níveis muito elevados de contaminação por chumbo (>200ppm), o que levou à conclusão de que a Expedição Franklin deve ter sofrido de envenenamento grave por chumbo. Battersby atribuiu a origem deste envenenamento por chumbo aos sistemas de água únicos dos navios, que, tendo em conta os materiais utilizados na altura, produziam quase de certeza água potável com um teor muito elevado de chumbo.
A quantidade de chumbo dissolvido do sistema de canalização depende de vários factores, incluindo a presença de cloreto e oxigénio dissolvido, pH, temperatura, suavidade da água e tempo de permanência da água; a água macia e ácida é a mais plumbosolvente (OMS, 2011a). O chumbo também pode ser libertado a partir de depósitos de carbonato de chumbo em tubos de chumbo e de sedimentos de ferro de canalizações galvanizadas antigas que acumularam chumbo de fontes de chumbo, tais como canalizações e ligações de serviço.

2.4.4 Chumbo no ar

A presença de chumbo no ar deve-se principalmente aos aditivos da gasolina (placa 3), e as concentrações de chumbo no ar dependem de uma série de factores, incluindo a proximidade de estradas e fontes pontuais (UNEP/UNICEF, 1997; OMS, 2011a). Na China, o envenenamento por chumbo na infância pode estar generalizado em resultado da rápida industrialização e da utilização de gasolina com chumbo. Um estudo citado em Tong *et al.* (2000) mostrou que as crianças que residiam em zonas industriais e em zonas com tráfego intenso tinham níveis médios de chumbo no sangue de 28,8-67,9^g/dl. De acordo com este estudo, mesmo cerca de 50% das crianças que vivem em zonas não industrializadas apresentam valores de chumbo no sangue ->10ugdl. associado a um rápido aumento do número de veículos motorizados.
As actividades antropogénicas que conduzem ao aumento dos níveis de chumbo no ar incluem a fundição de chumbo, a queima de gasolina contendo agentes antidetonantes de chumbo, a combustão de carvão, o fabrico de baterias de armazenamento e a produção de pigmentos; e é geralmente aceite que a combustão de gasolina com chumbo é a principal fonte de chumbo atmosférico (Eisler, 1988; O'Dwyer, 1998; Cheng e Hu, 2010). Desde 1970, o teor de chumbo da gasolina diminuiu, e estudos têm
demonstraram que o ambiente está a responder à diminuição da utilização de gasolina com chumbo e que as concentrações e os fluxos de chumbo na atmosfera continuarão a diminuir substancialmente se a utilização de chumbo na gasolina continuar a diminuir (Cheng e Hu, 2010).

Placa 3: A utilização de chumbo na gasolina é uma fonte de chumbo atmosférico e no solo/sedimento
Fonte: CDC (2004)

2.4.5 Chumbo nos alimentos

A quantidade de chumbo nas plantas alimentares depende das concentrações no solo e é mais elevada em redor de minas e fundições; os cereais podem conter níveis elevados de chumbo e as especiarias podem estar contaminadas com chumbo (OMS, 2010 e 2011a). A utilização de latas de alimentos e bebidas soldadas com chumbo pode aumentar consideravelmente o teor de chumbo dos alimentos ou bebidas, especialmente no caso de alimentos ou bebidas ácidos. Uma vez que as bebidas alcoólicas tendem a ser ácidas, a utilização de quaisquer produtos que contenham chumbo no seu fabrico, distribuição ou armazenamento aumentará os níveis de chumbo; a migração de chumbo para os alimentos a partir de louça de cerâmica ou de cerâmica vidrada com chumbo é também uma fonte de exposição (Gould, 2010; OMS, 2011a e 2011b).

2.4.6 Exposição ocupacional/industrial

A exposição ao chumbo entre os adultos é normalmente maior para aqueles que entram em contacto mais próximo nos processos de produção (Tong *et al.*, 2000). Os trabalhadores estão expostos ao chumbo em muitas profissões, incluindo a montagem de veículos motorizados, o batimento de painéis, o fabrico e recuperação de baterias, a soldadura, a extração e fundição de chumbo, a produção de ligas de chumbo e as indústrias do vidro, plásticos, impressão, cerâmica e tintas. Na maioria dos países altamente industrializados, controlos mais rigorosos e melhorias nos métodos industriais ajudaram a garantir que o envenenamento profissional por chumbo é menos prevalente do que anteriormente. Nos países em desenvolvimento, no entanto, continua a ser um problema de dimensões potencialmente enormes (UNEP/OCHA, 2010; MSF, 2012; Ogunseitan e Smith, 2007a; Blacksmith Institute, 2011).

Nos países em desenvolvimento, a exposição profissional ao chumbo não está normalmente regulamentada e a monitorização da exposição é escassa. Embora os adultos estejam principalmente envolvidos, em muitos países, especialmente aqueles com indústrias em desenvolvimento, e em pequenas indústrias caseiras, há pouca distinção entre a casa e o local de trabalho, e as crianças estão consequentemente expostas ao chumbo (Tong *et al.*, 2000). Os antigos focos industriais que não foram limpos também podem representar um perigo, mesmo anos após a cessação da contaminação, particularmente para as crianças que podem ingerir solo ou poeiras contaminados em resultado do seu comportamento de contacto com as mãos (CDC, 2005; OMS, 2010 e 2011a).

2.5 Envenenamento por chumbo

O'Dwyer (1998) definiu o envenenamento por chumbo como uma condição médica causada pelo aumento dos níveis de chumbo do metal pesado no organismo, sendo as crianças e as mulheres grávidas particularmente vulneráveis, e o CDC (2005) definiu o envenenamento por chumbo em crianças como uma concentração de chumbo no sangue total >1(h.igdl. O envenenamento agudo por chumbo, embora menos comum, manifesta-se mais rapidamente e pode ser fatal, quando uma quantidade relativamente grande de chumbo é ingerida pelo organismo num curto período de tempo, com sintomas como dores abdominais graves, diarreia, náuseas e vómitos, fraqueza dos membros, convulsões e coma (PNUA/OCHA, 2010).

2.5.1 Toxicidade do chumbo

O chumbo tem sido descrito como um de uma classe limitada de elementos que podem ser descritos como puramente tóxicos, sem evidência de "limiar" ou exposição segura (CDC, 2005; Udiba *et al.*, 2012). Por outras palavras, o chumbo é tóxico em exposições muito baixas, uma vez que mesmo as doses mais baixas podem afetar o sistema nervoso. Não existe um nível de exposição abaixo do qual o chumbo pareça ser seguro.

2.5.2 Modo de ação

O chumbo modifica a função e a estrutura dos rins, dos ossos, do sistema nervoso central e do sistema hematopoiético e produz efeitos bioquímicos, histopatológicos, neuropsicológicos, fetotóxicos, teratogénicos e reprodutivos adversos (Eisler, 1988). O chumbo inorgânico absorvido no corpo dos mamíferos entra inicialmente na corrente sanguínea e liga-se aos glóbulos vermelhos, exercendo efeitos deletérios sobre a hematopoiese através do desarranjo da síntese de hemoglobina, resultando numa redução do tempo de vida dos eritrócitos circulantes, resultando frequentemente em anemia (O'Dwyer, 1998; Fewtrell *et al.*, 2003 e 2004; OMS, 2011a). O chumbo é ainda rapidamente distribuído entre o fluido extracelular do sangue e outros locais de armazenamento. Os locais de armazenamento do chumbo situam-se principalmente nos tecidos moles e nos ossos.

2.5.3 O chumbo como uma questão social

O PNUA-UNICEF (1997) descreveu o envenenamento por chumbo como um grave perigo para a saúde com grandes implicações socioeconómicas. O'Dwyer (1998) argumentou ainda que o envenenamento por chumbo é tanto um problema de saúde como um problema social. Em muitos países, incluindo os EUA, a pobreza está frequentemente associada a níveis elevados de BLL, uma vez que as crianças que vivem em famílias cujos rendimentos se situam abaixo do limiar de pobreza apresentam níveis médios de BLL mais elevados do que as que vivem em famílias com rendimentos acima do limiar de pobreza (Mitra *et al.*, 2009). As crianças em maior risco de envenenamento por chumbo são aquelas cujas famílias são pobres e vivem em habitações precárias construídas antes de 1950, e pertencem a grupos minoritários e socioeconomicamente desfavorecidos (O'Dwyer, 1998; Tong *et al.*, 2000; CDC, 2004; Gould, 2010).

Pruss-Ustun *et al.* (2004) reforçaram ainda mais este ponto, afirmando que, para além do peso da doença, a exposição ao chumbo pode também contribuir para os encargos socioeconómicos, uma vez que a exposição ao chumbo tende a ser mais elevada nos grupos socioeconómicos mais baixos da população. As pessoas deste grupo vivem frequentemente em zonas mais expostas à poluição industrial ou em habitações degradadas. Gould (2010) formulou a hipótese de que, à luz do efeito do envenenamento por chumbo no quociente de inteligência (QI), o aumento da exposição ao chumbo, especialmente na infância, pode aumentar os factores de risco de um indivíduo para cometer crimes e outros comportamentos anti-sociais, enquanto a incapacidade de um número significativo de indivíduos para atingir o seu pleno potencial intelectual é uma perda de capital intelectual para a sociedade, bem como resulta numa menor produtividade e rendimentos e num aumento das despesas com a educação especial.

Tendo em conta as despesas com a educação especial, Gould (2010) realizou uma análise de custo-benefício que quantificou os benefícios sociais e económicos do controlo dos perigos da pintura com chumbo nos agregados familiares, em comparação com os investimentos necessários para minimizar a exposição a esses perigos. As estimativas de BLLs elevados entre crianças <6 anos foram actualizadas e foram compiladas pesquisas recentes para determinar uma gama de custos para o perigo da pintura com chumbo e os benefícios da redução atribuídos a cada coorte para cuidados de saúde, ganhos ao longo da vida, receitas fiscais, educação especial e os custos diretos do crime. O estudo concluiu que cada dólar investido no controlo do risco de pintura com chumbo resulta num retorno de 17 a 221 dólares ou numa poupança líquida de 181 a 269 mil dólares. O estudo concluiu, portanto, que há retornos substanciais no investimento no controlo do perigo do chumbo, particularmente orientado para a intervenção precoce nas comunidades mais susceptíveis de estarem em risco. Dados os elevados custos sociais da inação, o controlo do risco de chumbo parece valer bem o preço.

2.6 Efeitos do envenenamento por chumbo

Estima-se que a exposição humana ao chumbo seja responsável por 143 000 mortes por ano e por 0,6% do peso global da doença (OMS, 2010). Estudos anteriores de Fewtrell *et al* (2003 e 2004) mostraram que os resultados de doenças atribuíveis à exposição a níveis nocivos de chumbo representam cerca de 0,9% do peso global da doença, sendo o maior peso registado nos países em desenvolvimento, especialmente em áreas onde a gasolina com chumbo ainda é muito utilizada.

A exposição ao chumbo afecta múltiplos resultados em termos de saúde e sistemas fisiológicos, incluindo a hipertensão, os sistemas gastrointestinais, a anemia, a nefropatia, o metabolismo da vitamina D, a diminuição do crescimento, o sistema imunitário, o sistema nervoso, os efeitos comportamentais/cognitivos/QI (Quadros 4 e 5) e, consequentemente, múltiplos efeitos sociais, incluindo o aumento do risco de violência e toxicodependência, os efeitos na condução nervosa, a perda de audição, os efeitos na reprodução e no desenvolvimento e a morte por encefalopatia (O'Dwyer, 1998; Tong *et al*, 2000; Fewtrell *et al.*, 2003 e 2004; Pruss-Ustun *et al.*, 2004; CDC, 2004 e 2005; Battersby, 2008; Mitra *et al.*, 2009; OMS, 2010, 2011a e 2011b; Dooyema *et al.*, 2012; Lo et al., 2012; Udiba *et al.*, 2012).

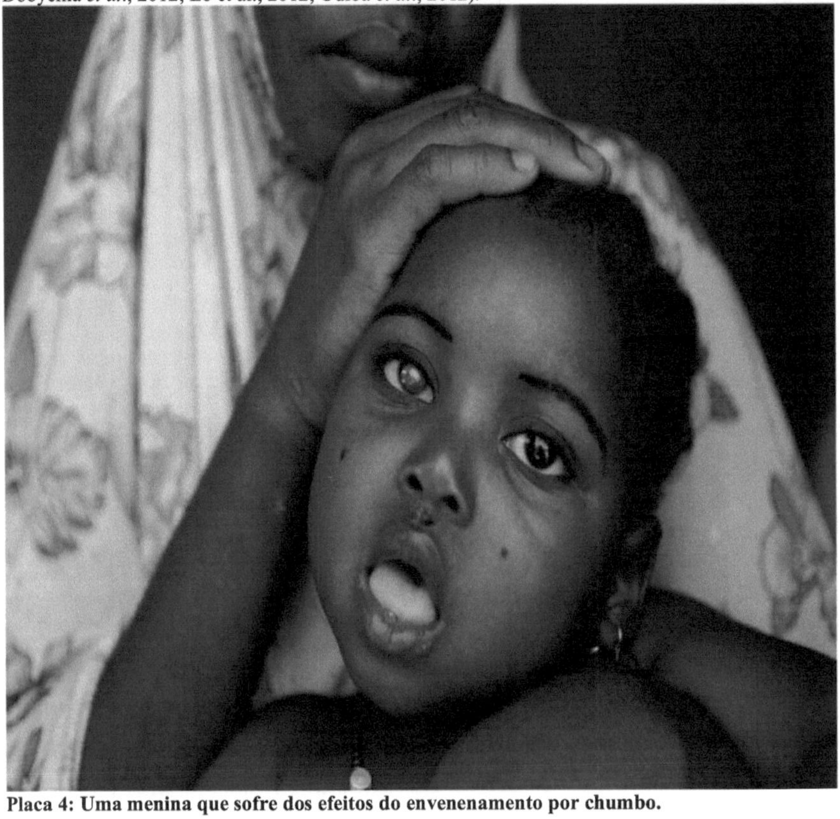

Placa 4: Uma menina que sofre dos efeitos do envenenamento por chumbo.

Fonte: MSF (2012)

Placa 5: Outra criança que sofre dos efeitos do envenenamento por chumbo.
Fonte: MSF (2012)

2.6.1 Chumbo, Quociente de Inteligência (QI) e Aumento da Pressão Arterial

Foi estabelecida uma ligação entre um aumento das concentrações de chumbo no sangue e a perda de QI, com estudos que demonstram que uma perda média de 2,6 pontos de QI foi associada a um aumento da concentração de chumbo no sangue de 10 - 20^g/dl, e uma perda de 3,5 pontos de QI estimada para concentrações de chumbo no sangue de >20pg/dl, o que pode conduzir a um atraso mental ligeiro e aumentar o risco de outras doenças, lesões e resultados adversos, como a violência e o abuso de drogas (O'Dwyer, 1998; Pruss-Ustun *et al*, 2004, OMS, 2011a). Também foi demonstrado que alterações estruturais no cérebro, como edema, herniação e atrofia, eram evidentes em crianças e adultos expostos ao chumbo (Gould, 2010; OMS, 2010, 2011a e 2011b). Estima-se que a exposição ao chumbo na infância contribua para cerca de 600 000 novos casos de crianças com deficiência intelectual todos os anos (OMS, 2011b; Dooyema *et al*., 2012). As crianças que sobrevivem ao envenenamento por chumbo são muitas vezes permanentemente retardadas ou têm deficiências neurológicas permanentes (Eisler, 1988; O'Dwyer, 1998; OMS, 2010; Cheng e Hu, 2010). Estima-se que o peso global do atraso mental devido ao chumbo represente 1% do peso global da doença e 2% do peso total da doença cardiovascular (Fewtrell *et al*., 2003 e 2004; Pruss-Ustun *et al*., 2004).

Foi também demonstrada a existência de uma relação entre o chumbo no sangue e a pressão arterial sistólica, em que uma redução da concentração de chumbo no sangue de 10^g/dl para 5^g/dl mostrou uma diminuição da pressão arterial de 1,25mmHg, porque o chumbo exerce uma influência no metabolismo do cálcio que está ligado à modulação da pressão arterial através do tónus vascular (O'Dwyer, 1998; Pruss-Ustun *et al.*, 2004; OMS, 2011a).

2.6.2 Efeitos no sistema nervoso central

Os sistemas nervosos central e periférico são considerados os principais alvos afectados pela toxicidade causada pela absorção de chumbo (Pruss-Ustun *et al.*, 2004; Cheng e Hu, 2010; OMS, 2011a). Os mecanismos de toxicidade propostos baseiam-se na capacidade do chumbo de inibir ou imitar a ação do cálcio e de interagir com proteínas. Em termos de efeitos gerais no sistema nervoso, é provável que o mecanismo-chave seja a substituição do cálcio pelo chumbo como "segundo mensageiro" nos neurónios. O chumbo bloqueia os canais de cálcio regulados por voltagem, inibindo o influxo de cálcio e a libertação de neurotransmissores, inibindo assim a transmissão sináptica. O efeito neurológico mais grave da exposição ao chumbo é a encefalopatia (-90ugdl para crianças, -140ug dl para adultos, consoante o indivíduo). No entanto, os efeitos neurotóxicos são visíveis em concentrações de chumbo no sangue muito mais baixas do que as que causam encefalopatia, enquanto os danos graves no sistema nervoso central resultantes da exposição a grandes quantidades de chumbo podem resultar em estupor, convulsões, coma e morte (Eisler, 1988; Fewtrell *et al.*, 2003; Battersby, 2008; Cheng e Hu, 2010; OMS, 2010 e 2011a, Lo *et al.*, 2012).

2.6.3 Chumbo e anemia

O chumbo absorvido inibe a atividade de uma série de enzimas envolvidas na biossíntese de hemoglobina, pelo que a anemia induzida pelo chumbo resulta de uma combinação da redução da formação de hemoglobina (causada por uma síntese deficiente de hemoglobina ou pela formação da cadeia de globina) e da redução da sobrevivência dos eritrócitos devido à hemólise (Eisler, 1988; Fewtrell *et al.*, 2003; Pruss-Ustun *et al.*, 2004; OMS, 2011a). Os efeitos adversos começam a aparecer após a diminuição das concentrações de hemoglobina, o que ocorre em concentrações de chumbo no sangue de aproximadamente 50ug/dl em adultos e 40ug/dl em crianças, embora haja cada vez mais provas de que os efeitos em crianças podem ocorrer em concentrações mais baixas (Pruss-Ustun *et al.*, 2004; OMS, 2010).

2.6.4 Efeitos gastrointestinais

Os primeiros sintomas de envenenamento por chumbo, tanto em adultos como em crianças, incluem dores abdominais, obstipação, cãibras, náuseas, vómitos, anorexia e perda de peso. Nos adultos, estes sintomas ocorrem com concentrações de chumbo no sangue superiores a 80ug/dl, ao passo que concentrações superiores a 60ug/dl são mais típicas nas crianças (Fewtrell *et al.*, 2003 e 2004; Pruss-Ustun *et al.*, 2004; OMS, 2010).

2.7 Vulnerabilidade das crianças ao chumbo

O chumbo é uma neurotoxina potente (veneno para os nervos), particularmente em crianças cujos corpos em crescimento são altamente susceptíveis, e a exposição ao chumbo no ar, na água, no solo e nos alimentos é, por conseguinte, prejudicial para a saúde e o desenvolvimento intelectual de adultos e crianças (UNEP-UNICEF, 1997). As crianças são mais susceptíveis ao chumbo do que os adultos, sendo que a exposição provoca efeitos irreversíveis no desempenho cognitivo durante a infância (O'Dwyer, 1998; Cheng e Hu, 2010; Dooyema *et al.*, 2012). O potencial de efeitos adversos da exposição ao chumbo em crianças é maior porque (UNEP-UNICEF, 1997; Tong *et al.*, 2000; CDC, 2004; OMS, 2010):

i. A ingestão de chumbo por unidade de peso corporal é mais elevada nas crianças do que nos adultos.
ii. As crianças pequenas colocam frequentemente objectos na boca, o que resulta na ingestão de poeiras e terra e, possivelmente, num aumento da ingestão de chumbo.
iii. As taxas de absorção fisiológica de chumbo nas crianças são mais elevadas do que as dos adultos.
iv. As crianças pequenas estão a passar por um rápido desenvolvimento, os seus sistemas não estão completamente desenvolvidos e, consequentemente, são mais vulneráveis do que os adultos aos efeitos do chumbo.
v. A barreira hemato-encefálica ainda não está completamente desenvolvida nas crianças.
vi. Os efeitos neurológicos ocorrem em níveis mais baixos do que nos adultos.

1.1.1 Maior exposição

As crianças têm uma propensão para explorar o mundo através da boca (UNEP-UNICEF, 1997). O chumbo no ar liga-se ao pó, que se encontra espalhado em ambientes domésticos onde as crianças pequenas gatinham, brincam e tocam. O chumbo presente no pó e na sujidade pode ser ingerido através das mãos e dos brinquedos das crianças, por exemplo, chupando o dedo ou pondo objectos na boca. Algumas crianças apresentam um comportamento de "pica", uma tendência anormal ou extrema para comer materiais não alimentares, o que pode levar a uma ingestão ainda maior de contaminantes (Tong *et al.*, 2000).

1.1.2 Maior absorção e retenção

O PNUA-UNICEF (1997) referiu que, devido ao facto de os sistemas nervoso e digestivo das crianças estarem em desenvolvimento, estas são mais susceptíveis à absorção de chumbo e podem absorver até 50% do chumbo introduzido no seu organismo, em comparação com 10 a 15% nos adultos. As crianças podem receber três vezes a dose dos adultos, porque têm um rácio maior entre a superfície e o volume.

1.1.3 Maior vulnerabilidade

Os organismos em desenvolvimento são inerentemente mais susceptíveis do que os organismos maduros porque a chamada "barreira hemato-encefálica", que protege o cérebro adulto dos agentes tóxicos até certo ponto, não está completamente desenvolvida nas crianças, assim como o sistema nervoso (Eisler, 1988).

1.1.4 Efeitos influenciados pela nutrição

As crianças com dietas inadequadas são as mais susceptíveis de serem afectadas negativamente pela exposição ao chumbo, uma vez que as crianças com níveis elevados de LBC são geralmente mais subnutridas do que as que têm níveis normais de LBC (Mitra *et al.*, 2009). É necessária uma dieta rica em cálcio e ferro porque as deficiências destes minerais podem aumentar a absorção de chumbo pelo organismo, o que explica o facto de as crianças malnutridas serem mais propensas a ter níveis elevados de chumbo no sangue (Mitra *et al.*, 2009). Nos países em desenvolvimento em que as deficiências de nutrientes são um problema, a contaminação do ambiente pelo chumbo terá efeitos mais devastadores do que seria o caso.

1.1.5 Preocupações multigeracionais

A exposição do feto ao chumbo pode afetar negativamente o desenvolvimento neurológico, uma vez que uma mulher grávida com um nível elevado de CBL pode transmitir o chumbo ao feto em desenvolvimento, pois o corpo pode armazenar o chumbo durante mais de 20 anos e libertá-lo durante a gravidez, prejudicando o feto, uma vez que o chumbo pode atravessar facilmente a placenta (Hernberg, 2000; NYCH, 2007). A investigação demonstrou que o chumbo provoca nados-mortos, abortos espontâneos, inibição do desenvolvimento do feto, diminuição da fertilidade masculina e esperma anormal (Eisler, 1988; O'Dwyer, 1998; Fewtrell *et al.*, 2003; OMS, 2010, 2011a e 2011b).

2.8 Ocorrência e mineralização de ouro e chumbo-zinco em Zamfara

O estado de Zamfara contém muitas áreas com concentrações significativas de metais pesados no solo e nas rochas (MSF, 2012). Há décadas que existe extração de ouro no Estado de Zamfara, mas até há pouco tempo não era generalizada nem lucrativa. Desde 2009, o preço do ouro valorizou-se substancialmente, o que resultou num interesse renovado pela exploração mineira no Estado de Zamfara. Uma indústria mineira artesanal cada vez mais ativa escava rochas à mão, parte-as em seixos com martelos, tritura os seixos em areia com moinhos de farinha e extrai o ouro da areia utilizando a técnica de filtragem, garimpo e amálgama de mercúrio (MSF, 2012).

O ouro na Nigéria é encontrado em placers aluviais e eluviais e em veios primários de várias cinturas de xisto no noroeste e sudoeste do país. A mineralização primária de ouro nas cinturas de xisto ocorre geralmente em veios de quartzo dentro de várias litologias, com rochas de parede mineralizadas e veios geralmente impregnados de minerais de sulfureto de grão fino. As ocorrências mais importantes no estado de Zamfara encontram-se nas áreas de Maru, Anka e Malele (MMSD, 2010a). Os depósitos de minério de ouro no estado de Zamfara contêm geralmente elevadas concentrações de chumbo (MSF, 2012).

As ocorrências de chumbo-zinco na Nigéria estão associadas à intrusão de água salina nas bacias sedimentares ou zonas de fratura/cisalhamento em rochas cristalinas. A mineralização está muitas vezes associada a quantidades menores a significativas de cobre e ouro, ocorrendo em filões que preenchem as fracturas nas rochas sedimentares do canal de Benue, bem como em rochas cristalinas do subsolo (MMSD, 2010b). Anteriormente, a maioria dos geólogos nigerianos era da opinião de que a mineralização de chumbo-zinco estava restrita ao canal de Benue. No entanto, as recentes actividades de exploração da Agência de Pesquisa Geológica da Nigéria mostraram que existe mineralização de chumbo/zinco/cobre no complexo do subsolo cristalino nas áreas de Anka, Abare, Dutsen Dan Kwakwara, Dutsen Haladu, Dutsen Gwamna, Tamani e Sunke no Estado de Zamfara (MMSD, 2010b).

2.9 A crise de envenenamento por chumbo em Zamfara

A poluição causada pelo chumbo antropogénico tem origem principalmente na mineração, fundição, usos industriais, incineração de resíduos, queima de carvão e gasolina com chumbo e pode entrar no corpo humano através da inalação e ingestão de uma variedade de fontes, tais como ar contaminado, água, solo e alimentos (Cheng e Hu, 2010; Tong *et al.*, 2000; Udiba *et al.*, 2012). Na investigação ambiental, é importante ser capaz de determinar a fonte de poluição e caraterizar a via de transporte dos poluentes (Cheng e Hu, 2010). Além disso, a "verdadeira" fonte de chumbo pode continuar a poluir o ambiente se a poluição for atribuída a uma fonte incorrecta. A identificação da fonte de contaminação, o momento da libertação e a via de transporte e distribuição dos poluentes no ambiente são questões comuns na investigação e mitigação do envenenamento por chumbo (Tong *et al.*, 2000).

Embora muito possa ser inferido a partir de estudos em países industrializados relativamente à predisposição das crianças para a exposição ao chumbo, existem factores sócio-ecológicos peculiares que são relevantes para a compreensão da exposição ao chumbo entre as crianças africanas. Estes factores estão relacionados com os padrões de utilização da terra, as fontes de água potável, a aglomeração de pessoas e a literacia (Ogunseitan e Smith, 2007a). As crianças em toda a África são particularmente vulneráveis à exposição ao chumbo devido à utilização ininterrupta de gasolina com chumbo e de baterias de chumbo-ácido nos automóveis e, recentemente, às indústrias caseiras não regulamentadas associadas à reciclagem de resíduos electrónicos; e apesar do início de programas de eliminação progressiva em alguns países, a gasolina vendida na maioria dos países africanos contém 0,5 - 0,8g/l de chumbo, os níveis mais elevados do mundo, tendo a Nigéria um teor médio de chumbo de 0,66% (Ogunseitan e Smith, 2007b).

Origens do surto

A crise do chumbo no Estado de Zamfara não se enquadra em nenhuma das categorias acima. Foi, de facto, descrita como "sem precedentes", uma "tragédia" e o "pior surto de envenenamento por chumbo de que há registo" (Blacksmith Institute, 2011; Epimonitor, 2011; MSF, 2012). O surto chegou conhecimento dos Médicos Sem Fronteiras (MSF) no final de março de 2010, quando uma equipa de "vigilância de emergência" da meningite visitou áreas do norte do Estado de Zamfara (UNEP/OCHA, 2010; MSF, 2012; Dooyema *et al.*, 2012; Lo et al, 2012; Udiba *et al.*, 2012). A equipa foi informada de crianças doentes e de um grande número de mortes (400), no entanto, os sintomas não se enquadravam claramente nas causas locais prováveis de doença, como a meningite ou a malária, e o tratamento das crianças para estas condições não teve qualquer efeito (Blacksmith Institute, 2011; Epimonitor, 2011; MSF, 2012).

Os investigadores começaram a suspeitar que as doenças estavam ligadas à trituração e moagem de rocha observadas nas casas da aldeia como parte das actividades mineiras na área, sendo o envenenamento por metais pesados um forte diagnóstico diferencial (MSF, 2012). Foram recolhidas amostras de sangue, que foram enviadas para a Alemanha para análise de metais pesados. Os resultados das análises ao sangue mostraram que o problema era claramente o chumbo, com todas as amostras a apresentarem níveis que excediam largamente o limiar para tratamento urgente, uma vez que todas as crianças testadas tinham BLLs >10gg/dl e 97% tinham BLLs >45gg/dl (UNEP/OCHA, 2010; Epimonitor, 2011; Dooyema *et al.*, 2012; Lo *et al.*, 2012). Outras aldeias foram confirmadas como estando contaminadas com chumbo, enquanto outras ainda permanecem não confirmadas mas suspeitas, uma vez que a escala total da crise ainda é desconhecida (PNUA/OCHA, 2010).

Causa do surto

A causa principal da crise de envenenamento por chumbo é a exploração mineira e o processamento de minério inseguros (Blacksmith Institute, 2011; MSF, 2012). O surto ocorreu devido ao teor muito elevado de chumbo, por vezes >10% de chumbo, nas rochas que estavam a ser esmagadas para extrair ouro (Epimonitor, 2011). O minério era esmagado dentro dos complexos das aldeias, espalhando pó de chumbo pelas comunidades (Placas 6, 7, 8), causando uma contaminação ambiental maciça (Blacksmith Institute, 2010; Dooyema *et al.*, 2012; Lo *et al.*, 2012; Udiba *et al.*, 2012).

Placa 6: Um cenário típico de um complexo de aldeia em Zamfara.

Fonte: Instituto Blacksmith (2010)

Estudos posteriores sobre as amostras de sangue recolhidas pelos MSF revelaram que o aumento da mortalidade era o resultado de envenenamento agudo por chumbo, determinado como sendo causado por uma contaminação ambiental maciça resultante da extração artesanal e da transformação de ouro encontrado em minério rico em chumbo; a trituração do minério em partículas finas (Placa 9) resultou numa dispersão extensiva de poeiras de chumbo nas aldeias em causa, incluindo no interior dos agregados familiares (Placa 10). A ingestão e a inalação das partículas finas de chumbo foram determinadas como sendo a principal razão para os elevados níveis de chumbo no sangue dos corpos das vítimas, que se diz serem "sem precedentes", de acordo com os Centros de Controlo e Prevenção de Doenças dos EUA (citado em Udiba *et al.*, 2012).

Placa 7: Um mineiro a triturar rochas contendo minério de ouro para que possam passar pelo moinho Fonte: Instituto dos Ferreiros (2010).

Placa 8: Mineiros artesanais a trabalhar num complexo de processamento de ouro.
Fonte: Instituto Blacksmith (2010)

Placa 9: Pedras trituradas contendo minério de ouro a serem passadas por um moinho.
Fonte: Instituto dos Ferreiros (2010).

Nos países em desenvolvimento, o processamento e a produção de minério de ouro em pequena escala têm sido cada vez mais adoptados pelas comunidades rurais, embora os impactos ambientais e sanitários de tais operações sejam negligenciados. Sabe-se que a extração e o processamento de ouro causam poluição do ar e da água por arsénio, mercúrio e cianeto, em resultado da exposição direta ao mercúrio líquido ou vaporizado durante o processamento do minério (Lo *et al.*, 2012). É provável que o solo contaminado e a poeira doméstica sejam as principais fontes de exposição ao chumbo para as crianças que vivem em aldeias de processamento de minério.

Placa 10: Crianças num complexo em Bagega. Há entre 30 e 40 crianças a viver no complexo partilhado.
Fonte: MSF (2012).

2.10 Mapeamento do envenenamento por chumbo

Na investigação ambiental, é importante poder determinar a fonte de poluição e caraterizar a história do transporte dos poluentes (Cheng e Hu, 2010), porque, como é o caso da poluição por chumbo, a "verdadeira" fonte de chumbo pode continuar a poluir o ambiente se a poluição for atribuída a uma fonte incorrecta. O chumbo ambiental apresenta riscos significativos para a saúde humana, particularmente para as crianças pequenas (Eisler, 1988; Fewtrell *et al.*, 2004; Gould, 2010; OMS, 2010). No entanto, muitas pesquisas que examinam a prevalência de níveis elevados de chumbo no sangue pediátrico não dão atenção suficiente à geografia dos principais factores de risco conhecidos (O'Dwyer, 1998).

Um Sistema de Informação Geográfica (SIG) aborda a variação espacial inerente à distribuição destes factores de risco e pode identificar áreas, ruas e até habitações individuais com uma elevada probabilidade de chumbo ambiental, podendo as previsões ser validadas e confirmadas com a análise de amostras de sangue ou de poeiras/água (O'Dwyer, 1998). A tecnologia de mapeamento SIG pode utilizar o rastreio do chumbo no sangue, o avaliador fiscal (propriedade) e os dados do recenseamento para desenvolver e melhorar as intervenções preventivas, especialmente as intervenções primárias, ou seja, antes de as crianças serem envenenadas (CDC, 2004). A tecnologia SIG é uma ferramenta poderosa que pode ser utilizada para combater eficazmente o envenenamento por chumbo, uma vez que as moradas das habitações antigas podem ser geo-codificadas (localizadas geograficamente) para identificar as áreas onde vivem as crianças em risco de envenenamento por chumbo; as intervenções podem então ser direcionadas para essas áreas e propriedades específicas para combater os perigos do chumbo (CDC, 2004).

Um SIG é um sistema informático utilizado para armazenar e manipular informação geográfica (Aronoff, 1989). Foi concebido para a recolha, armazenamento, análise e visualização de objectos e fenómenos em que a localização geográfica é uma caraterística importante ou crítica para a análise. Em última análise, um SIG é utilizado para produzir a informação de que um utilizador necessita. O software permite ao utilizador criar mapas que apresentam dados espacialmente relacionados ou geograficamente baseados como pontos, linhas e polígonos (Uluocha, 2007). Além disso, o SIG, enquanto estrutura baseada em computador, tem um ambiente ideal que permite que diferentes tipos de informação sejam marcados geograficamente (geo-referenciados) e apresentados em conjunto num único mapa. Os utilizadores podem então combinar dois ou mais conjuntos de dados distintos para visualizar as relações entre factores sociais ou biofísicos selecionados, tais como culturas, gado, solos, cursos de água, clima, topografia, distribuição da população, padrões de rendimento, níveis de educação, estradas, posse da terra, limites administrativos, etc.

Com o SIG, podem ser criados mapas que mostram a localização e a idade de cada unidade habitacional numa área. Estes mapas podem incluir informação sobre outros factores de risco para o envenenamento por chumbo, incluindo a distribuição da população, as condições de habitação e os níveis de colesterol nas crianças residentes durante um determinado período (O'Dwyer, 1998). Esta informação pode ser utilizada para mostrar a relação entre as unidades habitacionais e os factores de risco. O SIG geralmente apresenta essas relações geoespaciais e temporais em dados que têm muitos usos (CDC, 2004):

i. Identificar onde vivem as crianças de alto risco.
ii. Avaliar a penetração do rastreio nos grupos de alto risco.
iii. Obter uma melhor compreensão das mudanças ao longo do tempo nas zonas onde vivem as crianças de alto risco.
iv. Avaliar o impacto do rastreio específico e de outros esforços de intervenção e melhorá-los.
v. Identificar as unidades habitacionais responsáveis, durante um período de anos, por múltiplos casos de envenenamento por chumbo na infância.

Em 2004, o CDC utilizou a tecnologia GIS para desenvolver e melhorar as intervenções preventivas, utilizando o Condado de Jefferson, Kentucky, como área de estudo. O objetivo do estudo era identificar as crianças em risco de exposição ao chumbo, "crianças em risco" definidas como as crianças que vivem em habitações construídas antes de 1950 ou numa área com uma elevada proporção de habitações mais antigas. Os conjuntos de dados utilizados para o estudo incluíam dados de rastreio do chumbo no sangue das crianças, dados do censo dos EUA e dados do assessor fiscal (propriedade) - uma fonte de informação detalhada sobre habitação em que cada parcela de propriedade num condado tem o seu próprio número único e cada condado tem um sistema de numeração único. Uma base de dados do assessor fiscal pode ser ligada a um SIG para revelar a localização efectiva das habitações na rua. Combinando estes conjuntos de dados, cada agregado familiar (propriedade) foi geo-codificado e a idade da casa foi determinada.

Os resultados deste estudo mostraram que mais crianças a viver em habitações mais antigas apresentavam níveis elevados de chumbo no sangue do que as que viviam em habitações mais recentes; quanto mais antiga era a casa, mais elevados eram os níveis médios de chumbo no sangue das crianças residentes e maior era a proporção de crianças residentes com níveis elevados de chumbo no sangue; e as crianças que viviam em casas menos valorizadas corriam um maior risco de ter níveis elevados de chumbo no sangue, o que sugere que as casas menos valorizadas têm maior probabilidade de ter tinta deteriorada. Uma das principais desvantagens deste estudo é o facto de os códigos postais (utilizados para a geocodificação) não serem fiáveis para o mapeamento SIG, uma vez que atravessam as fronteiras estaduais, distritais e municipais, e os seus limites mudam ao mesmo tempo que são acrescentados periodicamente novos códigos postais. Além disso, a abordagem adoptada neste estudo pode ser difícil de replicar em países em desenvolvimento como a Nigéria, devido à falta de dados sobre os níveis de chumbo no sangue, a dados de recenseamento pouco fiáveis e à falta de formalização das propriedades.

Perham (2009) também efectuou um estudo para determinar as áreas de maior risco de envenenamento por chumbo em Hartford. Foram recolhidos e utilizados dados como a idade das habitações, a localização de crianças com níveis elevados de chumbo no sangue, dados do censo, tipo de edifício e edifícios com amostras de solo com níveis de chumbo >400ppm. Foi utilizado o método de análise de sobreposição ponderada, atribuindo um peso a cada fonte de dados, atribuindo valores de risco, passando as camadas pela ferramenta de sobreposição ponderada e mapeando os resultados. Verificou-se que 28% dos edifícios residenciais apresentavam um risco muito elevado de envenenamento por chumbo e as áreas de maior risco foram determinadas como sendo Barry Square, Frog Hollow e Northeast. As mesmas deficiências observadas no estudo do CDC (2004) também se aplicaram a este estudo, sendo a abordagem difícil de replicar em países em desenvolvimento.

O mapeamento também foi utilizado por van Geen *et al.* (2012) para estimar a população do Peru que vive nas imediações de operações de mineração activas ou antigas e que poderia estar exposta ao chumbo do solo contaminado. Neste estudo, foram compiladas coordenadas geográficas para 113 minas activas, 138 instalações de processamento de minério e 3 fundições, bem como 7.743 antigos locais de mineração. A população que vive num raio de 5 km destes locais foi calculada a partir de dados do recenseamento e o teor de chumbo no solo das cidades mineiras e das minas e instalações de processamento de minério foi cartografado. A análise espacial indicou que 1,6 milhões de pessoas no Peru poderiam viver num raio de 5 km de uma mina ativa ou de uma antiga exploração mineira e que os níveis no solo excediam 1200mg/kg, uma norma de referência para solos residenciais. O estudo concluiu que a contaminação do solo com chumbo é suscetível de ser extensa nas cidades mineiras peruanas. Embora este estudo não tenha tomado em consideração as implicações de outros metais pesados que normalmente ocorrem em associação com o chumbo nos minérios (cobre, cádmio) e que também são tóxicos a níveis elevados, a abordagem pode ser reproduzida na Nigéria e noutras áreas com um historial de exploração mineira.

2.11 Exploração mineira ilegal e o papel do Gabinete de Cadastro Mineiro (GCM)

Foi determinado que o envenenamento agudo por chumbo no Estado de Zamfara foi causado por uma contaminação ambiental maciça resultante da extração artesanal ilegal em pequena escala e do processamento de ouro encontrado em minério rico em chumbo (UNEP/OCHA, 2010; Blacksmith Institute, 2010; MSF, 2012). Esta situação colocou em evidência o papel do Gabinete de Cadastro Mineiro da Nigéria (MCO) na aplicação da proibição existente de mineração ilegal na Nigéria, na implementação de práticas de mineração mais seguras e na promulgação de regulamentos mais fortes para monitorizar a indústria mineira. A Lei de Minas e Minerais de 2007 define claramente o papel do governo como regulador, facilitador e supervisor, enquanto a operação e a implementação das actividades mineiras são deixadas nas mãos do sector privado; a Lei também define o Gabinete de Cadastro Mineiro (MCO) como um organismo autónomo que administra os títulos mineiros com integridade e de forma transparente, base de "primeiro a chegar, primeiro a ser servido" (MMSD, 2010c). De acordo com o MMSD, os objectivos do MCO incluem:

i. Assegurar o acesso aos títulos mineiros a todos os investidores em condições de igualdade e equidade, e numa base de "primeiro a chegar, primeiro a ser servido
ii. Garantia de segurança dos direitos de mineração.
iii. A aplicação do princípio "usar ou largar" na administração dos títulos mineiros
iv. Previsão de controlos ambientais sólidos e de acordos de desenvolvimento comunitário
v. Envolvimento de outras partes interessadas através da criação de Comités Estaduais de Recursos Minerais e de Gestão Ambiental para facilitar o acesso à terra.
vi. Introdução e cumprimento de um programa de trabalho mínimo

Um cadastro mineiro é a principal instituição pública que gere os títulos mineiros num país. Este cadastro, quando bem desenvolvido e apoiado por instituições públicas competentes do sector mineiro, integra os aspectos regulamentares, institucionais e tecnológicos da administração dos direitos mineiros e constitui a pedra angular de uma boa gestão dos recursos minerais (Banco Mundial, 2009). De acordo com o Banco Mundial, existem várias regras básicas que devem ser observadas para que um cadastro mineiro funcione corretamente:

i. Segurança da posse - refere-se à segurança do título, ao direito de transferir o título para qualquer terceiro elegível e ao direito de hipotecar o título para obter dinheiro. Também se refere à transformação de uma licença de exploração numa licença mineira.
ii. Segurança do título - as licenças e os direitos minerais não podem ser suspensos ou revogados, exceto por razões específicas, que devem ser objectivas e não discricionárias, e que devem ser claramente especificadas e detalhadas no quadro jurídico.
iii. "Primeiro a chegar, primeiro a ser servido" - as licenças de exploração são concedidas segundo o princípio "primeiro a chegar, primeiro a ser servido", o que significa que o primeiro indivíduo ou empresa a requerer os direitos sobre uma determinada área onde possam existir recursos minerais terá o direito prioritário de obter a licença ou o contrato de arrendamento.
iv. Muitos países incluem na sua legislação mineira disposições que permitem leiloar áreas disponíveis quando os recursos ou reservas tenham sido avaliados ou inferidos dentro de um intervalo de probabilidade aceitável.

Capítulo 3

3.0 METODOLOGIA DE INVESTIGAÇÃO

3.1 Introdução

Nesta investigação foram utilizados dados primários e secundários, tendo sido utilizada a técnica de amostragem aleatória estratificada para a recolha de dados primários. Foi utilizado um recetor portátil de Sistema de Posicionamento Global (GPS) para gerar informações de localização. Foram efectuadas análises laboratoriais para determinar o teor de chumbo, cobre e cádmio no solo da área de estudo. O método de interpolação espacial Inverse Distance Weighting (IDW) foi utilizado para determinar a distribuição espacial dos teores destes metais pesados. As concentrações destes metais foram comparadas com as normas internacionalmente aceites para determinar o seu nível de toxicidade. Foram também utilizados métodos estatísticos para determinar se existe uma relação entre as operações mineiras que têm lugar na área de estudo e os casos de envenenamento por chumbo aí registados. A figura 3.1 apresenta uma visão geral da metodologia adoptada para o estudo

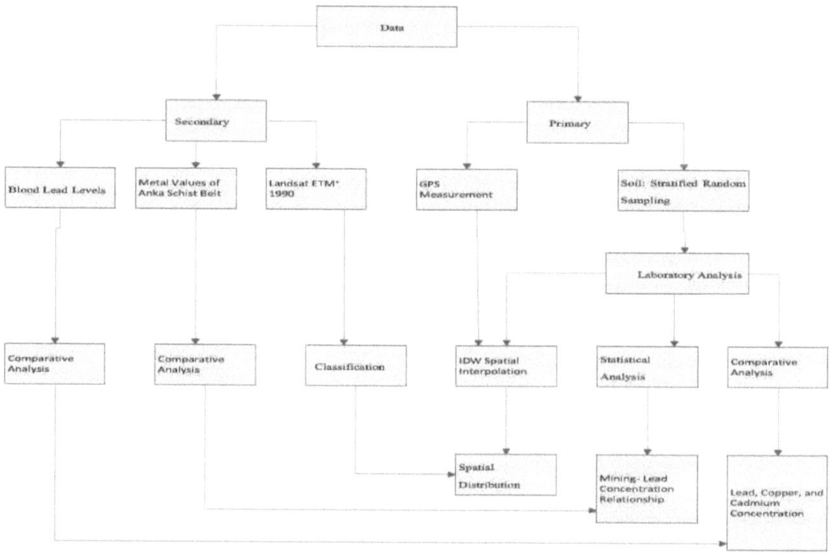

Figura 3.1: Diagrama de fluxo de trabalho da metodologia adoptada neste estudo

3.2 Fontes de dados

Os dados utilizados nesta investigação incluíram dados secundários e primários. Os dados secundários utilizados são destacados de seguida:

i. Níveis de chumbo no sangue (BLLs)
   Os níveis de chumbo no sangue das crianças com menos de cinco (5) anos de idade na área de estudo foram obtidos junto dos Médicos Sem Fronteiras, em Anka, como se mostra no Quadro 3.1. Os Médicos Sem Fronteiras, em colaboração com a Organização Mundial de Saúde (OMS), criaram uma clínica e um laboratório em Anka. As pessoas, especialmente as crianças, são examinadas aleatoriamente e por rotina para deteção de envenenamento por chumbo no laboratório, e tratadas nos casos em que o envenenamento por chumbo foi detectado através de análises ao sangue.

Tabela 3.1: Níveis de chumbo no sangue em crianças com menos de 5 anos de idade na área de estudo

S/N	Localização	BLLs (microgramas/dl)	Média de BLL
1	Abare	55.9 - 331.0	143.7

2	Sunke	36.5 - 445.0	167.4
3	Waramu	15.6 - 45.0	23.1
4	Barayar Zaki	11.7 - 35.2	17.5
5	Tungan Daji	52.6 - 410.5	138.9
6	Dareta	30.8 - 150.0	48.3
7	Bagega	60.1 - 465.8	156.7
8	Kwanar Maje	13.9 - 42.1	26.2
9	Bambaram	17.3 - 39.5	20.1
10	Mallamawa	21.8 - 51.4	33.8

Fonte: Médicos Sem Fronteiras (2012).

ii. Valores metálicos da mineralização de ouro da cintura de xistos de Anka

Os valores metálicos da mineralização de ouro da cintura de xisto de Anka foram obtidos do Ministério Federal do Desenvolvimento das Minas e do Aço (MMSD), Abuja (Tabela 3.2). Os dados foram gerados pela Nigerian Geological Survey Agency (NGSA) e mostraram os valores dos metais que compõem a associação polimetálica Pb-Cu-Ag-Au predominante na cintura de xistos de Anka, levando à extração em pequena escala de minério de ouro na área de estudo.

Tabela 3.2: Valores metálicos na mineralização de ouro da cintura de xistos de Anka

S/N	**Metal**	**Valor**
1	Ouro (Au)	123 - 6320 ppb
2	Chumbo (Pb)	7550 - 22600 ppm
3	Cobre (Cu)	647 - 5410 ppm
4	Prata (Ag)	1,5 - 8,6 ppm

Fonte: Ministério Federal do Desenvolvimento das Minas e do Aço (2010)

iii. Imagem Landsat ETM^+ da área de estudo

A imagem Landsat Enhanced Thematic Mapper (Landsat ETM^+) utilizada para esta investigação foi descarregada do sítio Web do USGS. É constituída por sete bandas espectrais com uma resolução no solo de 30 m, com exceção da banda 6, que tem uma resolução no solo de 120 m. Todas as bandas estão distribuídas de modo a cobrir as regiões espectrais do visível, do infravermelho próximo, do infravermelho médio e do infravermelho distante do espetro eletromagnético (EMS). Cada banda espetral tem algumas aplicações específicas. As que são importantes para estudos de vegetação/floresta e povoamento foram utilizadas para criar a imagem composta da área de estudo, e são destacadas abaixo:

a. Banda 2 (0,52-0,60) - é o comprimento de onda verde. Mede o pico de reflectância verde da vegetação para discriminação da vegetação e avaliação do vigor. Esta banda é também útil para a identificação de elementos culturais.

b. Banda 3 (0,63-0,69) - é o comprimento de onda vermelho. Detecta a região de absorção da clorofila, ajudando assim na diferenciação das espécies vegetais. É também útil para a identificação de elementos culturais.

c. Banda 4 (0,76-0,90) - é o comprimento de onda do infravermelho próximo (NIR) útil para determinar os tipos de vegetação, o vigor e o teor de biomassa. A banda também ajuda a delinear as massas de água e a discriminar a humidade do solo.

d. Banda 5 (1,55-1,75) - é a primeira das bandas no comprimento de onda do infravermelho médio. É indicativa do teor de humidade da vegetação e da humidade do solo. Nas regiões temperadas, é útil para diferenciar a neve das nuvens.

Algumas das ferramentas utilizadas para o estudo incluem um recetor GPS portátil, uma câmara digital, um trado de solo e sacos de amostras. Alguns softwares utilizados incluem o ArcGIS 9.3, o Idrisi e o MS Excel.

3.3 Análise da Concentração de Chumbo, Cobre e Cádmio nos Solos da Área de Estudo

Os dados primários utilizados nesta investigação incluíram dados do solo provenientes de amostras de solo recolhidas diretamente na área de estudo e medições GPS das localizações das amostras.

3.3.1 Utilização e ocupação do solo

Antes da amostragem do solo, foi efectuada uma cartografia da utilização e da ocupação do solo da área de estudo para determinar a localização espacial das principais actividades na área de estudo. Os diferentes tipos de uso e ocupação do solo da área de estudo foram determinados pelo processo de classificação. A ocupação do solo é o estado biofísico da superfície terrestre e da subsuperfície imediata. Descreve o estado físico da superfície terrestre, por exemplo, terras de cultivo, montanhas, florestas, zonas húmidas, pastagens, estradas e áreas urbanas; e engloba, por exemplo, a quantidade e o tipo de vegetação de superfície, água e materiais terrestres (Chigbu N., Orisakwe K. U. e Igbokwe J. I., 2011). A utilização da terra envolve tanto a forma como os atributos biofísicos da terra são manipulados como a intenção subjacente a essa manipulação - o objetivo para o qual a terra é utilizada. É a forma e o objetivo para os quais os seres humanos utilizam a terra e os seus recursos (Turner *et al*, 1995, citado em Chigbu *et al*, 2011). Exemplos de uso da terra incluem a agricultura, o desenvolvimento urbano, o pastoreio, a exploração madeireira, a mineração, etc. Os assentamentos, as massas de água, as terras agrícolas e a vegetação foram as classes determinadas na área de estudo.

3.3.2 Método de recolha de dados do solo

Para determinar a concentração de chumbo, cobre e cádmio nos solos da área de estudo, foram recolhidos dados do solo no mês de abril de 2013, utilizando um trado de solo a uma profundidade de 0-10 cm. Foi utilizada a técnica de amostragem aleatória estratificada para selecionar o local de amostragem. Isto foi conseguido através da demarcação ou separação da população em unidades ou estratos com base nas caraterísticas inerentes. A base da estratificação é a participação nas actividades mineiras das aldeias da população. A população foi estratificada ou separada em mineira e não mineira, utilizando o método de referência em cadeia. O método de referência em cadeia envolve um processo iterativo e cíclico para identificar as aldeias de interesse através de entrevistas com funcionários estatais e locais, governantes tradicionais e outras partes interessadas (Lo *et al*., 2012). As partes interessadas forneceram uma lista de aldeias da sua jurisdição que provavelmente participavam no processamento de minério de ouro. Durante as visitas, foi pedido aos aldeões que indicassem outras aldeias da sua área que provavelmente participavam no processamento de minério de ouro. A referência em cadeia foi utilizada para facilitar a identificação rápida de aldeias potencialmente afectadas. Das várias aldeias identificadas, foram selecionadas cinco aldeias mineiras e cinco não mineiras, com base na sua localização, para garantir uma distribuição uniforme. Os locais de processamento de minério nestas aldeias foram identificados através da realização de uma avaliação visual e de entrevistas a aldeões que estavam familiarizados com as práticas de processamento de minério da aldeia. Foram recolhidas amostras de solo das aldeias identificadas nos pontos de processamento de minério, três (3) amostras recolhidas de cada uma das cinco aldeias identificadas como estando em maior risco de envenenamento por chumbo em resultado das actividades de processamento de minério e três amostras de cada uma das cinco aldeias não mineiras. Foram recolhidas três amostras por aldeia porque se descobriu que havia aproximadamente entre cinco a oito pontos de processamento de minério em cada uma destas aldeias, o tamanho da amostra (3) foi visto como uma boa média e assegurou uma representação dispersa e uniforme (ver Figura 3.2). O solo da área de estudo foi escolhido para amostragem e análise em vez de água porque estudos anteriores (por exemplo, Dooyema *et al*., 2012; Lo *et al*., 2012; Udiba *et al*., 2012) mostraram que a ingestão acidental de solos e poeiras contaminados, a inalação de poeiras contaminadas e o consumo de alimentos contaminados por solos e poeiras são as principais vias de exposição de envenenamento por chumbo para crianças no Estado de Zamfara.

Foi recolhido um total de trinta (30) amostras de solo superficial para análise laboratorial. As amostras de solo recolhidas de cada ponto foram cuidadosamente misturadas para obter uma amostra representativa, colocadas em sacos de polietileno e devidamente etiquetadas. As localizações dos pontos de amostragem foram fixadas utilizando uma unidade recetora do Sistema de Posicionamento Global (GPS) (ver Quadro 3.3) em coordenadas UTM (WGS - 84 datum).

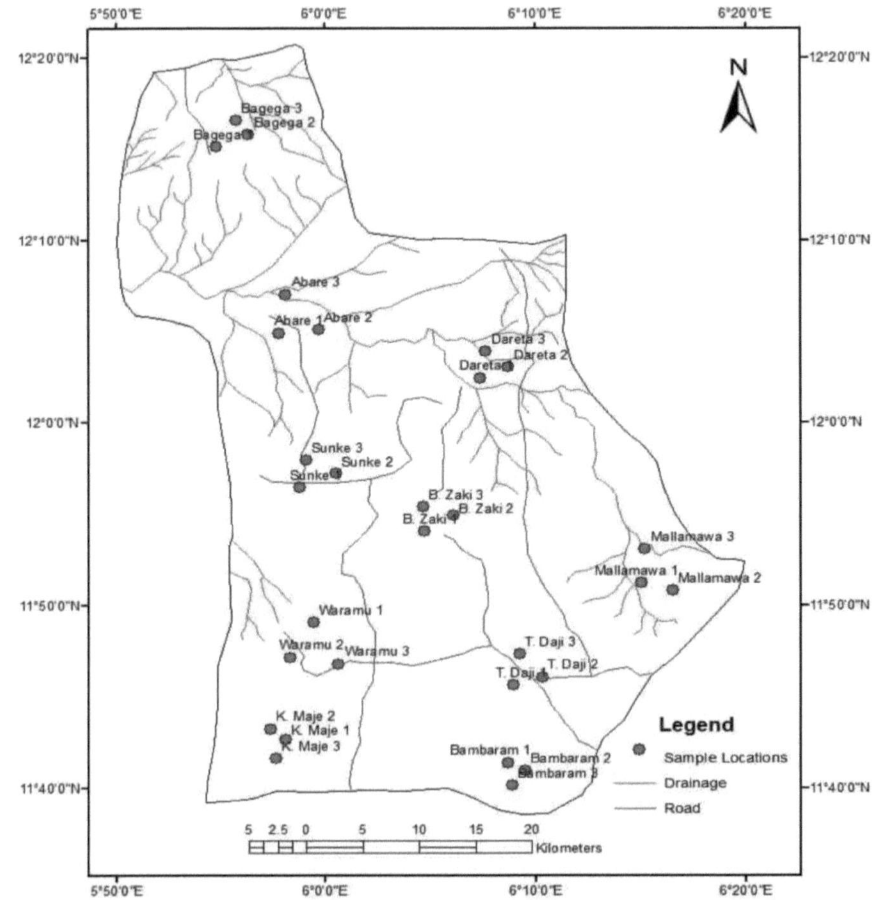

Figura 3.2: Locais de amostragem do solo

Tabela 3.3: Coordenadas GPS dos locais de amostragem

S/N	Localização	Latitude	Longitude
1	Abare 1	12.082	5.963
	Abare 2	12.085	5.994
	Abare 3	12.117	5.968
2	Sunke 1	11.941	5.979
	Sunke 2	11.954	6.008
	Sunke 3	11.966	5.984

3	Waramu 1 Waramu 2 Waramu 3	11.818 11.786 11.78	5.99 5.971 6.01
4	Barayar Zaki 1 Barayar Zaki 2 Barayar Zaki 3	11.901 11.916 11.923	6.078 6.101 6.077
5	Túnel do mar 1 Túnel do mar 2 Tungan Daji 3	11.716 11.768 11.789	6.149 6.172 6.154
6	Dareta 1 Dareta 2 Dareta 3	12.041 12.051 12.065	6.123 6.145 6.127
7	Bagega 1 Bagega 2 Bagega 3	12.252 12.263 12.276	5.913 5.939 5.929
8	Kwanar Maje 1 Kwanar Maje 2 Kwanar Maje 3	11.711 11.721 11.694	5.968 5.956 5.96
9	Bambaram 1 Bambaram 2 Bambaram 3	11.69 11.683 11.669	6.145 6.159 6.148
10	Mallamawa 1 Mallamawa 2 Mallamawa 3	11.854 11.847 11.885	6.251 6.276 6.254

Fonte: Trabalho de Campo, 2013.

3.3.3 Análise laboratorial de amostras de solo

As amostras de solo foram analisadas quanto às concentrações de chumbo, cobre e cádmio no Blood Lead and Inorganic Metals Laboratory, Gusau, utilizando o método de Espectrofotometria de Absorção Atómica. Esta é uma técnica utilizada para identificar substâncias, especialmente metais, e as suas concentrações (Udiba *et al.*, 2012). O cobre foi escolhido para análise porque a ocorrência/mineralização de chumbo-zinco na Nigéria está frequentemente associada a quantidades menores a significativas de cobre e ouro. Actividades de exploração recentes da Agência de Pesquisa Geológica da Nigéria mostram que existe uma mineralização de chumbo-zinco-cobre no complexo do subsolo cristalino no estado de Zamfara (MMSD, 2010b). Especificamente, a mineralização de ouro da cintura de xisto de Anka ocorre em associação com chumbo e cobre (ver Quadro 3.2). O cobre também é conhecido por ser tóxico em concentrações elevadas. O cádmio também foi escolhido para análise porque o cádmio e as soluções dos seus compostos são conhecidos por serem tóxicos, e é um subproduto da extração e fundição de chumbo e zinco (Udiba *et al.*, 2012). Foram efectuadas análises descritivas e comparativas dos resultados obtidos com os limites de segurança internacionalmente aceites para estes metais, a fim de estabelecer o seu nível de toxicidade no solo da área de estudo.

3.4 Determinação da distribuição espacial do chumbo na área de estudo

A fim de mostrar o padrão espacial e a distribuição da concentração de chumbo em locais não amostrados na área de estudo, foi utilizada a interpolação espacial. A interpolação baseia-se no princípio da autocorrelação espacial. Existem muitos algoritmos de interpolação espacial para conjuntos de dados espaciais, como a ponderação inversa da distância (IDW) e a krigagem. Existem duas categorias de técnicas de interpolação: determinística e geoestatística. A técnica de interpolação determinística cria superfícies com base nos pontos medidos ou em fórmulas matemáticas, por exemplo, a ponderação inversa da distância, que se baseia na extensão das semelhanças das células, enquanto a interpolação geoestatística, como a krigagem, se baseia em estatísticas e é utilizada para uma modelação mais avançada da superfície de previsão, que também inclui alguma medida da exatidão da previsão (Huisman e de. By, 2009). Para representar a distribuição espacial das concentrações de chumbo, cobre e cádmio na área de estudo, foi empregue o método de interpolação IDW porque cria superfícies com base nos pontos medidos ou nos pontos de amostragem.

3.5 Relação entre o processamento de minério **de ouro e a concentração de chumbo** Para estabelecer uma relação entre a extração e o processamento de minério de ouro e a concentração de chumbo na área de estudo, foram recolhidas e analisadas em laboratório amostras de solo da área de estudo, conforme explicado nas secções anteriores. Foi utilizada a estatística descritiva para determinar o intervalo (valores mínimos e máximos) dos dados, a média, o desvio padrão e o coeficiente de variação dos dados. O teste t: Paired Two Sample for Means (estatística inferencial) foi utilizado para mostrar a relação entre o processamento local de minério de ouro e a concentração de chumbo na área de estudo.

Capítulo 4

4.0 RESULTADOS E DISCUSSÃO

4.1 RESULTADOS

4.1.1 Concentração de chumbo, cobre e cádmio no solo da área de estudo 4.1.1.1 Concentração de chumbo

Os resultados das análises laboratoriais mostraram que quatro das cinco aldeias mineiras registaram uma elevada concentração de chumbo. O valor mínimo registado nas aldeias mineiras foi de 700mg/kg em Dareta, enquanto o valor máximo foi de 62.000mg/kg na aldeia de Sunke. A média foi de 36 450,67mg/kg e o desvio padrão foi de 20 819,46. O coeficiente de variação calculado para as aldeias mineiras foi de 0,57. As cinco aldeias não mineiras registaram uma baixa concentração de chumbo, como mostra a Tabela 4.1, com 320mg/kg e 670mg/kg como valores mínimo e máximo, respetivamente. A média foi de 467,33mg/kg, o desvio padrão foi de 91,53 e o coeficiente de variação foi de 0,20 (Quadro 4.2).

4.1.1.2 Concentração de cobre

A Tabela 4.1 mostra a concentração de cobre na área de estudo. Nos locais onde se realizam actividades de extração mineira e de processamento de ouro, os valores mínimo e máximo registados foram 10,15mg/kg e 49,19mg/kg, respetivamente. A média foi de 24,87 kg, o desvio padrão foi de 12,28 e o coeficiente de variação foi de 0,49. Para as aldeias não mineiras, os valores mínimo e máximo registados foram 9,10mg/kg e 25,18mg/kg, respetivamente. A média foi de 17,65mg/kg, o desvio padrão foi de 4,95 e o coeficiente de variação foi de 0,28.

4.1.1.3 Concentração de cádmio

A Tabela 4.1 mostra os valores da concentração de cádmio na área de estudo obtidos por análise laboratorial, enquanto a Tabela 4.2 mostra os resultados da análise estatística descritiva. Os locais de extração mineira registaram um mínimo e um máximo de 0,01mg/kg e 0,35mg/kg, respetivamente. A média foi de 0,18mg/kg, o desvio padrão foi de 0,095 e o coeficiente de variação foi de 0,53. As localizações não mineiras registaram valores mínimos e máximos de 0,05mg/kg e 0,31mg/kg, respetivamente, com um valor médio de 0,14mg/kg. O desvio padrão foi de 0,07 e o coeficiente de variação foi de 0,50.

Quadro 4.1: Concentrações de chumbo, cobre e cádmio

S/N	Localização	Chumbo (mg/kg)	Cobre (mg/kg)	Cádmio (mg/kg)
1	Abare 1	37000	22.21	0.01
	Abare 2	32000	18.02	0.07
	Abare 3	34000	24.45	0.10
2	Sunke 1	60000	46.22	0.18
	Sunke 2	62000	49.19	0.09
	Sunke 3	58000	43.48	0.13
3	Waramu 1	45	23.70	0.08
	Waramu 2	30	19.83	0.06
	Waramu 3	50	22.09	0.12
4	Barayar Zaki 1	60	10.25	0.16
	Barayar Zaki 2	75	11.13	0.14
	Barayar Zaki 3	65	9.10	0.19
5	Túnel do mar 1	37500	18.24	0.35
	Túnel do mar 2	33000	19.81	0.28
	Tungan Daji 3	40000	20.13	0.31
6	Dareta 1	1210	12.27	0.14
	Dareta 2	950	11.14	0.19
	Dareta 3	700	10.15	0.15
7	Bagega 1	50000	25.99	0.21
	Bagega 2	51400	27.03	0.26
	Bagega 3	49000	24.65	0.23
8	Kwanar Maje 1	530	25.18	0.05

	Kwanar Maje 2	420	21.67	0.11
	Kwanar Maje 3	440	18.13	0.09
9	Bambaram 1	670	16.15	0.07
	Bambaram 2	490	14.30	0.12
	Bambaram 3	510	21.62	0.16
10	Mallamawa 1	320	19.25	0.24
	Mallamawa 2	450	17.19	0.18
	Mallamawa 3	430	15.23	0.31

Fonte: Análise laboratorial de amostras de campo, 2013.

Quadro 4.2: Estatísticas descritivas

Metais (Minas e locais não mineiros)	N.º de Amostras	Mínimo	Máximo	Média	Desvio Std. Desvio	Coeficiente de desvio
Chumbo - Exploração mineira	15	700	62000	36450.67	20819.46	0.57
Chumbo - Não mineiro	15	320	670	467.33	91.53	0.20
Cobre - Exploração mineira	15	10.15	49.19	24.87	12.28	0.49
Cobre-Não-mineração	15	9.10	25.18	17.65	4.95	0.28
Cádmio - Exploração mineira	15	0.01	0.35	0.18	0.095	0.53
Cad. - Não-mineração	15	0.05	0.31	0.14	0.07	0.50

4.1.2 Distribuição espacial da concentração de chumbo, cobre e cádmio

A Figura 4.1 mostra a distribuição espacial da concentração de chumbo na área de estudo. Quatro das cinco aldeias mineiras apresentaram uma concentração elevada de chumbo, enquanto apenas uma registou uma concentração relativamente baixa. A concentração mais elevada de chumbo foi registada em Sunke e Bagega, enquanto Tungan Daji e Abare registaram uma concentração elevada a moderada de chumbo. As cinco aldeias não mineiras de Waramu, Barayar Zaki, Kwanar Maje, Bambaram e Mallamawa registaram uma concentração de chumbo relativamente baixa. A distribuição espacial da elevada concentração de chumbo não foi influenciada pela localização, uma vez que Bagega, no norte, Abare, no centro, Sunke, no oeste, e Tungan Daji, na parte sul da área de estudo, registaram concentrações elevadas de chumbo.

As Figuras 4.2 e 4.3 mostram a distribuição espacial do cobre e do cádmio na área de estudo. O cobre e o cádmio foram analisados juntamente com o chumbo porque ocorrem em conjunto na rocha hospedeira, bem como como subproduto da extração mineira de ouro e chumbo, respetivamente (Tabela 4). A aldeia de Sunke registou o valor mais elevado de concentração de cobre na área de estudo. Kwanar Maje, Bagega e Waramu também registaram valores elevados, enquanto Tungan Daji, Bambaram e Mallamawa registaram valores moderados. Por outro lado, as aldeias de Barayar Zaki e Dareta registaram valores baixos de concentração de cobre.

A concentração mais elevada de cádmio na área de estudo foi registada em Tungan Daji, Mallamawa e Bagega.

Barayar Zaki, Dareta e Sunke registaram valores elevados a moderados, enquanto os valores mais baixos das concentrações de cádmio foram registados nas aldeias de Kwanar Maje, Waramu, Abare e Bambaram.
A Figura 4.4 mostra o resultado do mapeamento do uso/cobertura do solo da área de estudo, realizado para determinar a localização espacial das principais actividades na área de estudo. As terras agrícolas predominam na parte sul da área de estudo, enquanto as povoações e aldeias se encontram maioritariamente na parte central da área de estudo. As drenagens, sobretudo riachos e o rio Zamfara, encontram-se sobretudo na parte norte da área de estudo, enquanto a vegetação ocorre em todas as partes da área de estudo.

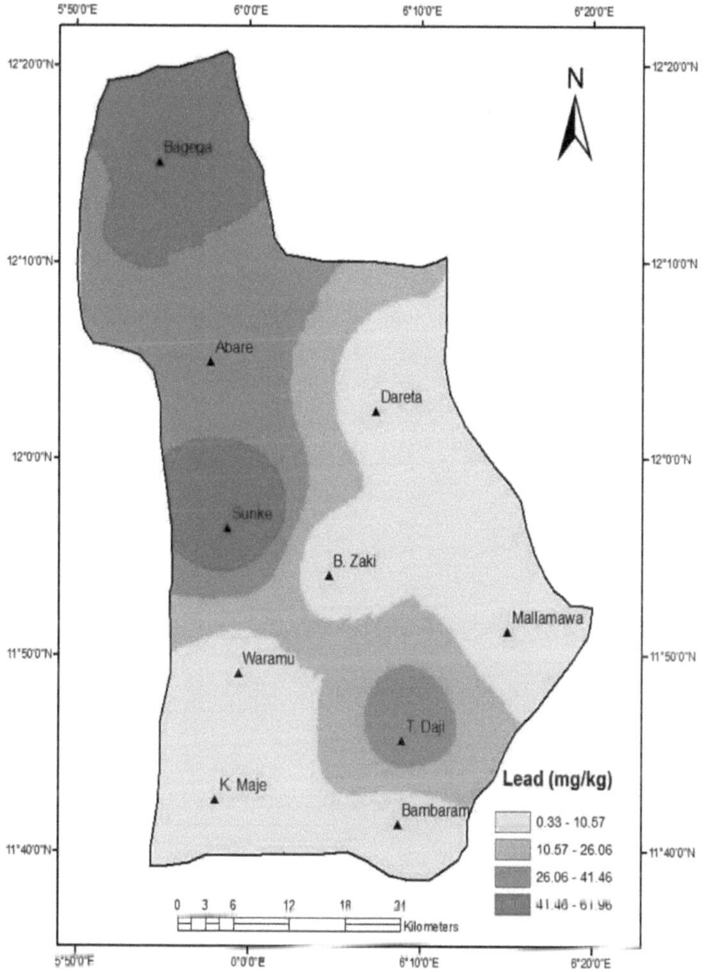

Figura 4.1: Distribuição espacial da concentração de chumbo na área de estudo

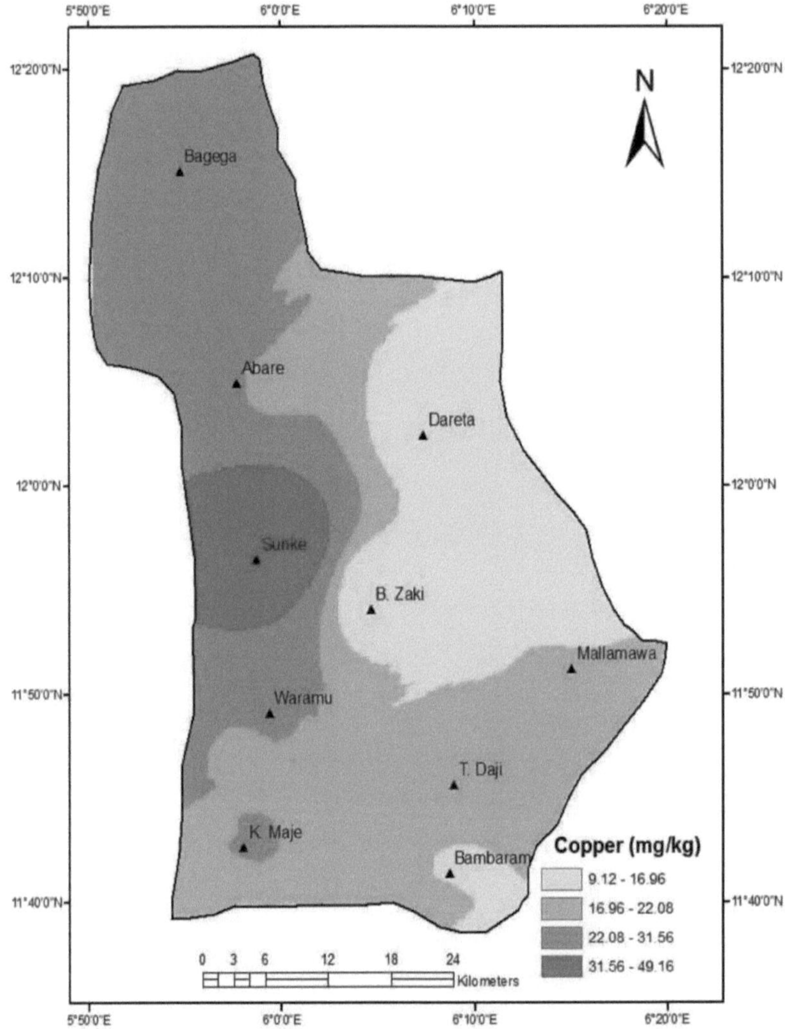

Figura 4.2: Distribuição espacial da concentração de cobre na área de estudo

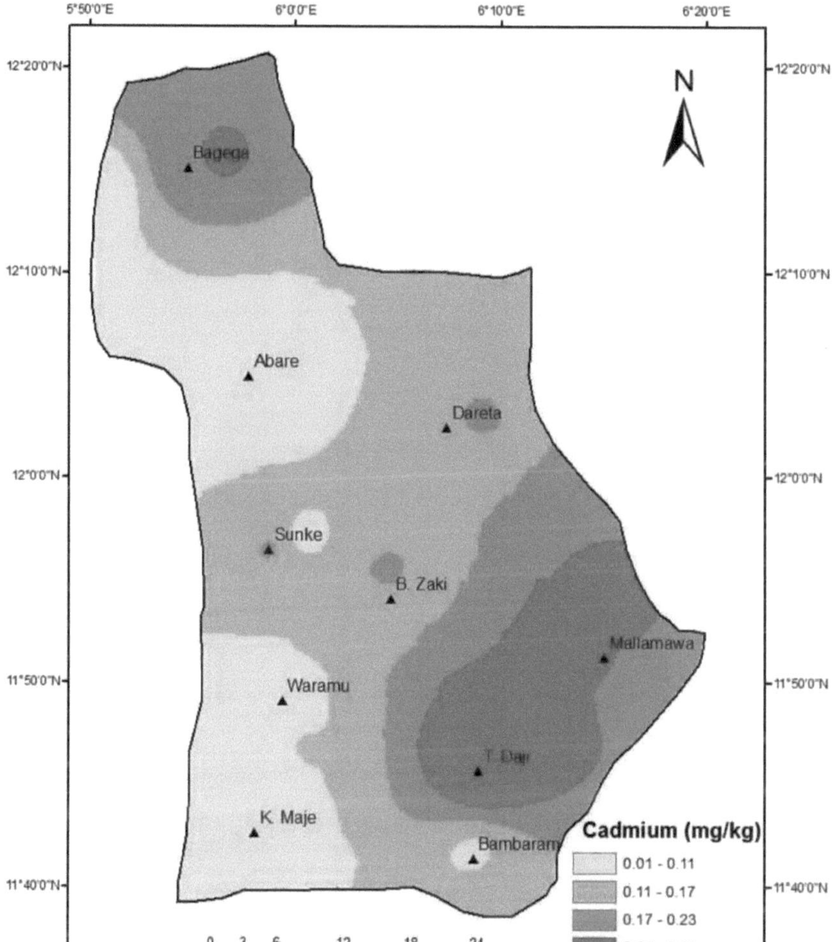

Figura 4.3: Distribuição espacial da concentração de cádmio na área de estudo

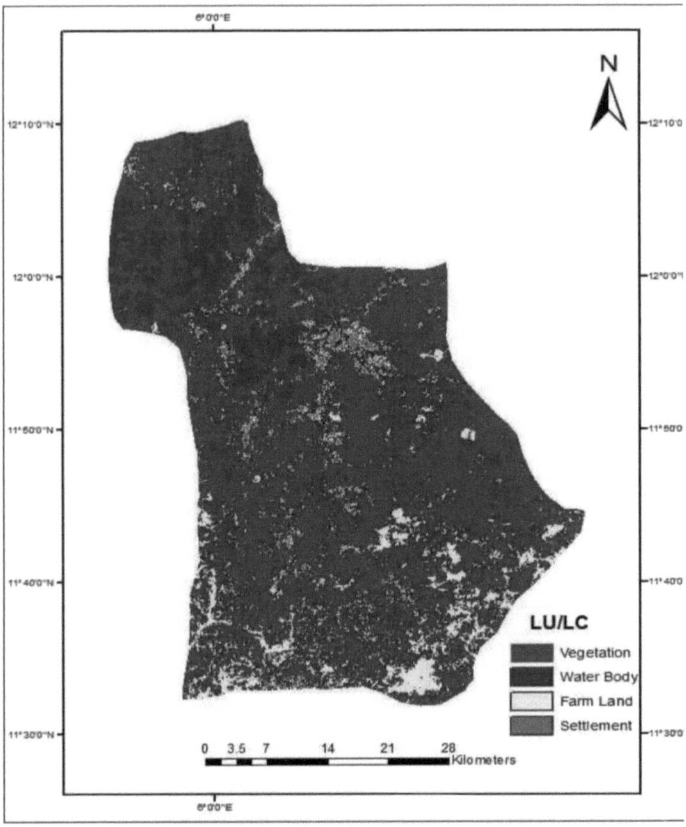

Figura 4.4: Uso e ocupação do solo da área de estudo

4.1.3 Relação entre o processamento de minério de ouro e a concentração de chumbo

Table 4.3 mostra a concentração de chumbo nas aldeias mineiras e não mineiras. Registou-se uma concentração elevada em quatro das cinco aldeias mineiras e uma concentração baixa em todas as cinco aldeias não mineiras. Dareta, que se encontra entre as aldeias mineiras, registou uma concentração de chumbo anormalmente baixa.

Quadro 4.3: Concentração de chumbo nas aldeias mineiras e não mineiras

S/N	Exploração mineira Aldeias	Chumbo (mg/kg)	Não-mineração Aldeias	Chumbo (mg/kg)
1	Abare 1	37,000	Waramu 1	450
	Abare 2	32,000	Waramu 2	340
	Abare 3	34,000	Waramu 3	380

2	Sunke 1	60,000	B. Zaki 1	600
	Sunke 2	62,000	B. Zaki 2	510
	Sunke 3	58,000	B. Zaki 3	470
3	T. Daji 1	37,500	K. Maje 1	530
	T. Daji 2	33,000	K. Maje 2	420
	T. Daji 3	40,000	K. Maje 3	440
4	Dareta 1	1,210	Bambaram 1	670
	Dareta 2	950	Bambaram 2	490
	Dareta 3	700	Bambaram 3	510
5	Bagega 1	50,000	Mallamawa 1	320
	Bagega 2	51,400	Mallamawa 2	450
	Bagega 3	49,000	Mallamawa 3	430

Fonte: Análise laboratorial de dados de solos da área de estudo, 2013.

Table 4.4 mostra o resultado do teste t: Análise estatística de duas amostras emparelhadas para médias utilizada para mostrar a relação entre o processamento local de minério de ouro e a concentração de chumbo na área de estudo. O teste T foi realizado em aldeias selecionadas onde se realiza o processamento local de minério de ouro e em aldeias onde não se realizam actividades de processamento. O T calculado foi de 0,000005, com o T tabelado a 0,05 (nível de confiança de 95%).

Tabela 4.4: Teste t de duas amostras para a concentração de chumbo entre aldeias mineiras e não mineiras

	Exploração mineira	*Não-mencionado*
Média	36450.66667	467.3333333
Desvio	433450006.7	8378.095238
Observações	15	15

Correlação de Pearson	-0.263164397	
Diferença média hipotética	0	
Df	14	
t Estat		6.686077901
P(T<=t) unicaudal	**0.000005**	
t Crítico unicaudal		1.761310115
P(T<=t) bicaudal	0.00001	
t Crítico bicaudal		2.144786681

A Figura 4.5 mostra graficamente a concentração de chumbo nas aldeias mineiras. Abare, Sunke, Tungan Daji e Bagega apresentam uma concentração elevada de chumbo, enquanto Dareta apresenta uma concentração baixa. A Figura 4.6 mostra a concentração de chumbo nas aldeias não mineiras, com todas as localidades a apresentarem uma baixa concentração de chumbo relativamente uniforme, enquanto a Figura 4.7 mostra a concentração de chumbo nas aldeias mineiras e não mineiras da área de estudo, destacando graficamente a elevada concentração de chumbo nas aldeias mineiras e a baixa concentração de chumbo nas aldeias não mineiras.

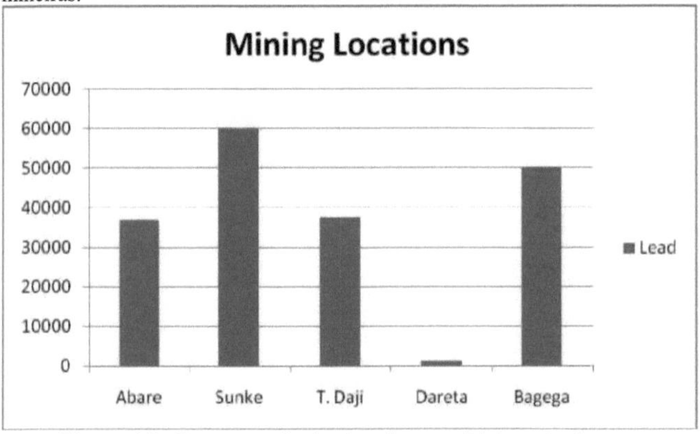

Figura 4.5: Concentração de chumbo nas aldeias mineiras

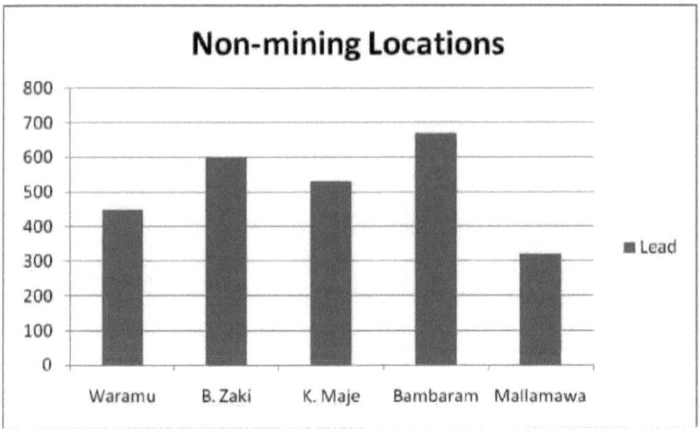

Figura 4.6: Concentração de chumbo em aldeias não mineiras

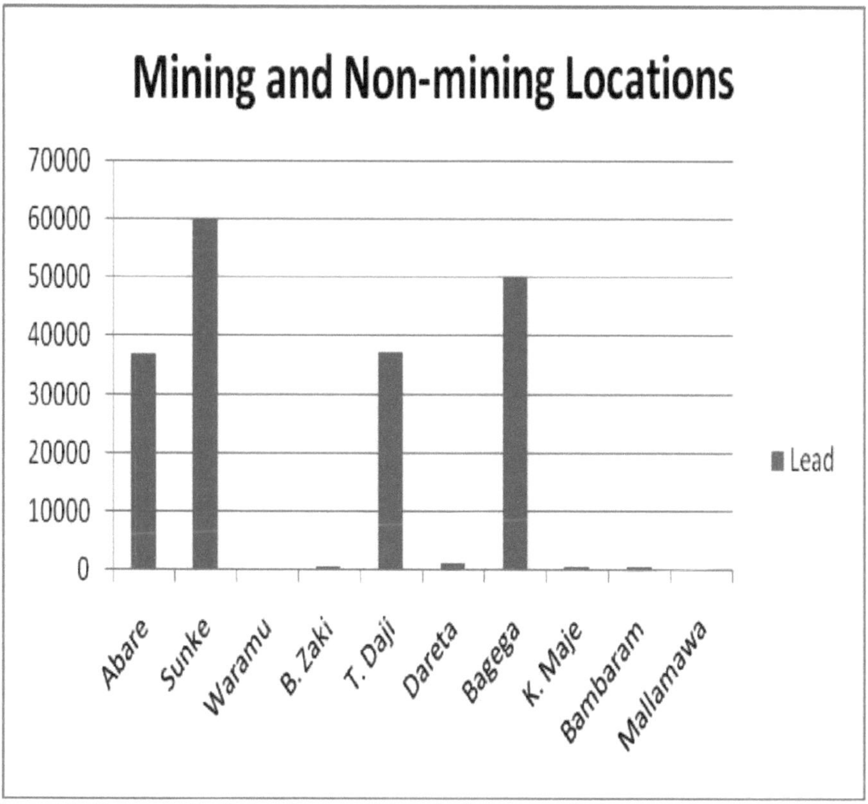

Figura 4.7: Concentração de chumbo nas aldeias mineiras e não mineiras

4.2 DISCUSSÃO DOS RESULTADOS

4.2.1 Concentração de chumbo, cobre e cádmio

4.2.1.1 Concentração de chumbo

A concentração de chumbo no solo na área de estudo foi anormalmente elevada em quatro das cinco aldeias mineiras, enquanto as aldeias não mineiras registaram valores considerados dentro dos limiares aceitáveis. O valor médio registado nas aldeias mineiras foi de 36.450,67mg/kg, num intervalo de 700-62.000mg/kg, com um coeficiente de variação de 0,57. O coeficiente de variação sugere que existe alguma variação nos dados. Este facto pode dever-se aos dados obtidos na aldeia de Dareta. Esta aldeia foi sujeita a remediação, pelo que registou valores baixos de concentração de chumbo.

Dooyema *et al.* (2012) realizaram um estudo em duas (2) aldeias no Estado de Zamfara para determinar a percentagem de crianças afectadas por envenenamento por chumbo. Embora o estudo se tenha centrado na recolha e análise de amostras de sangue, foi analisado um número limitado de amostras de solo. O estudo determinou que o valor médio de chumbo nas áreas amostradas era de 8.000mg/kg, contra 36.450,67mg/kg determinados no presente estudo. Estes dois estudos evidenciaram a concentração anormalmente elevada de chumbo no solo destas aldeias. No entanto, apenas alguns compostos selecionados aleatoriamente em duas aldeias foram objeto de amostragem para deteção de chumbo no solo no primeiro estudo, ao contrário da metodologia adoptada no presente estudo, que consiste na amostragem de solos em pontos de processamento de minério em dez aldeias.

O limite admissível para o chumbo nos solos é de 400mg/kg, enquanto a média para a área de estudo é de 36.450,67. Os quadros 4.5 e 4.6 apresentam as normas da US-EPA e do Canadá para o chumbo no solo, enquanto o quadro 4.7 apresenta a norma da NESREA para o chumbo no solo. A concentração de chumbo na área de estudo é anormalmente elevada, muito acima dos limites aceites (400mg/kg), e deve ser atribuída ao processamento local do minério de ouro na área de estudo, uma vez que a concentração de chumbo em locais sem processamento de minério estava dentro dos limites aceitáveis.

Quadro 4.5: Norma dos Estados Unidos para o chumbo nos solos

Localização do solo nu	Normas (mg/kg)
Áreas de jogo (pátios)	>= 400mg/kg
Todos os outros locais	>= 1200mg/kg

Fonte: US-EPA (2001)

Tabela 4.6: Normas canadianas para o chumbo nos solos

Localização do solo nu	Normas (mg/kg)
Industrial	600mg/kg
Agricultura	70mg/kg
Residencial	140mg/kg
Comercial	260mg/kg

Fonte: Conselho Canadiano de Ministros do Ambiente (1999)

4.2.1.2 Concentração de cobre

Os resultados da análise da concentração de cobre na área de estudo mostraram que a média foi de 24,87mg/kg, com um intervalo de 10,15-49,19mg/kg e um coeficiente de variação de 0,49 para as aldeias mineiras e de 17,65mg/kg, com um intervalo de 9,10-25,18mg/kg e um coeficiente de variação de 0,28 para as aldeias não mineiras. O coeficiente de variação sugere que há pouca variação nos dados obtidos na área de estudo, embora se sugira uma maior variação na concentração de cobre nas aldeias mineiras do que nas aldeias não mineiras. O limite máximo permitido para o cobre no solo é de 50mg/kg (Udiba *et al.*, 2012). Isto implica que o cobre está bem dentro dos padrões aceitáveis. Embora o cobre seja tóxico em níveis elevados e ocorra em associação com o ouro e o chumbo, o resultado mostra que o cobre não está implicado na contaminação ambiental da área de estudo. Este facto satisfez uma das questões de investigação que procurava determinar se o cobre contribuiu ou não para a degradação ambiental da área de estudo. No entanto, os resultados também mostram que a concentração de cobre é relativamente mais elevada nas áreas onde se efectua o processamento de minério, em comparação com as áreas onde não há processamento de minério.

4.2.1.3 Concentração de cádmio

O Quadro 4.7 apresenta as normas da Organização Mundial de Saúde (OMS), da Dinamarca e do Canadá para o cádmio nos solos. A concentração média de cádmio na área de estudo, a partir dos resultados da análise, foi de 0,18mg/kg nas áreas de processamento de minério e de 0,14mg/kg nas áreas de não processamento de minério, com coeficiente de variação de 0,53 e 0,50, respetivamente. Isto mostra que o cádmio está bem dentro dos padrões aceitáveis para a concentração de cádmio no solo e, por conseguinte, o cádmio não está implicado na contaminação ambiental da área de estudo. Isto também satisfez uma das questões de investigação que procurava determinar se o cobre e o cádmio contribuíam para a degradação ambiental da área de estudo. A concentração de cádmio não mostrou qualquer variação nas áreas de processamento de minério e não processamento de minério.

Ezigbo (2011) efectuou um estudo para determinar a toxicidade de certos metais pesados. Analisou amostras de solo em cinco locais da área governamental local de Nnewi North para determinar as concentrações de metais pesados (cádmio, crómio, chumbo, ferro e zinco). Os resultados do estudo mostraram que as concentrações de cádmio se encontravam dentro dos limites admissíveis, apresentando apenas concentrações elevadas nas zonas industriais, o que implica que as actividades humanas podem ser responsáveis pelas concentrações elevadas, enquanto o chumbo apresentava concentrações elevadas em oficinas mecânicas, lixeiras de mercado e zonas industriais. O estudo está de acordo com o presente estudo, que afirma que as actividades antropogénicas são em grande parte responsáveis pela introdução de níveis tóxicos de metais pesados no ambiente.

Quadro 4.7: Algumas normas para metais pesados nos solos (em mg/kg)

S/N	Parâmetros	Normas da Dinamarca	Normas da OMS	Normas NESREA
1	Cádmio	5	10	3 - 6
2	Crómio	Não fixado	Não fixado	Não fixado
3	Chumbo	40	70	250 - 500
4	Ferro	Não fixado	Não fixado	Não fixado
5	Zinco	500	200	300 - 600

Fonte: Ezigbo (2011)

4.2.2 Padrão espacial de propagação da concentração de chumbo

Os resultados da análise mostram que o padrão espacial de propagação do chumbo na área de estudo não revelou qualquer tendência, uma vez que foram registadas concentrações de chumbo em todas as partes da área de estudo. A diferença foi observada no nível de concentração. Foi observada uma elevada concentração de chumbo em todas as aldeias mineiras, exceto em Dareta, enquanto se registou uma baixa concentração nas localidades não mineiras. A técnica de interpolação de ponderação de distância inversa utilizada também mostrou a dispersão espacial de valores muito elevados, valores elevados e valores médios de concentração de chumbo nas aldeias mineiras. Isto é uma indicação de que os processos de extração mineira podem ser responsáveis pela contaminação da área de estudo com chumbo. Os mapas gerados para mostrar o padrão espacial da distribuição de chumbo, cobre e cádmio satisfizeram uma das questões de investigação que procurava determinar o padrão espacial da distribuição destes metais pesados no solo da área de estudo.

O significado deste facto é que uma área de concentração muito elevada de chumbo é indicativa de áreas que mais necessitam de intervenção, e vice-versa. Esta pode ser uma ferramenta muito poderosa e útil para os responsáveis políticos e decisores no planeamento da remediação. Além disso, o mapeamento do chumbo nos solos pode ser útil para educar a população, especialmente as crianças, a evitar áreas contaminadas que tenham sido identificadas e mapeadas. Isto pode ajudar a reduzir a incidência de envenenamento por chumbo.

A afirmação acima foi demonstrada por van Geen *et al.* (2012) no mapeamento da concentração de chumbo em cidades mineiras peruanas; Perham (2009) no mapeamento das áreas de maior risco de envenenamento por chumbo em Hartford; e CDC (2004) na produção de um mapa para desenvolver e melhorar as intervenções preventivas utilizando o Condado de Jefferson, Kentucky, como área de estudo.

4.2.3 Relação: Processamento de minério de ouro e concentração de chumbo 4.2.3.1 Concentração de chumbo

O chumbo é um dos seis poluentes tóxicos que põem em risco a saúde de dezenas de milhões de pessoas, sendo os outros o mercúrio, o crómio, o arsénico, os pesticidas e os radionuclídeos (Blacksmith Institute, 2010). O chumbo entra frequentemente no ambiente durante o processo de extração mineira de chumbo e de outros metais, bem como nas fábricas que produzem, utilizam ou reciclam chumbo ou compostos de chumbo. Os resultados das análises mostraram que quatro aldeias que participam no processamento de minério registaram concentrações de chumbo muito elevadas, enquanto as aldeias que não participam no processamento de minério registaram concentrações muito baixas. A aldeia de Dareta (uma aldeia mineira com baixa concentração de chumbo) foi remediada.

Os resultados da estatística descritiva (Tabela 4.2) mostraram que as localidades da área de estudo que se dedicam ao processamento de minério apresentaram alta concentração de chumbo, e as localidades não mineiras apresentaram baixas concentrações de chumbo. Do mesmo modo, os resultados da estatística inferencial (Quadro 4.4), utilizando o método do teste t de duas amostras aplicado aos valores de concentração de chumbo nas aldeias mineiras e não mineiras, mostraram que T (tabulado) a um nível de confiança de 95%, que é 0,05 > T (calculado) 0,000005. Isto implica que existe uma diferença significativa entre a concentração de chumbo nas aldeias mineiras e não mineiras. Este resultado respondeu a uma das questões que este trabalho de investigação procurava determinar, ou seja, a relação entre a concentração de chumbo nas localidades mineiras e não mineiras da área de estudo.

As concentrações elevadas de chumbo nos solos têm-se revelado a principal causa de envenenamento por chumbo. Dooyema *et al.* (2012) realizaram um estudo em alguns locais do Estado de Zamfara e registaram níveis elevados de concentração de chumbo no solo. Estudos semelhantes foram efectuados por Lo *et al.* (2012) e Udiba *et al.* (2012), onde foram registados níveis elevados de concentração de chumbo nos solos do Estado de Zamfara. Em todos estes estudos, as áreas de elevada concentração de chumbo foram reportadas como fazendo parte das áreas afectadas pela crise de envenenamento por chumbo de Zamfara. Em particular, as aldeias mineiras como Sunke, Abare, Bagega, Tungan Daji e Dareta encontravam-se entre as aldeias afectadas pela crise de envenenamento por chumbo, ao passo que não foram registados casos de envenenamento por chumbo em aldeias não mineiras como Waramu, Barayar Zaki, Kwanar Maje, Bambaram e Mallamawa.

Podemos, portanto, inferir que existe uma relação entre as actividades mineiras artesanais (locais) na área de estudo e a concentração de chumbo. E uma vez que a estatística inferencial mostrou que existe uma diferença significativa entre a concentração de chumbo nas aldeias mineiras e não mineiras, podemos dizer que o envenenamento por chumbo em Anka pode ser atribuído à extração artesanal e ao processamento de minério.

4.2.3.2 Níveis de chumbo no sangue (BLLs) na área de estudo

Como se pode ver na Tabela 3.1, os níveis médios de chumbo no sangue de crianças com menos de 5 anos de idade são anormalmente elevados quando comparados com os níveis padrão aceitáveis. O intervalo de referência para os níveis de chumbo no sangue das crianças é <10^g/dl (CDC, 2005), enquanto que a média para a área de estudo é >140^g/dl. Os níveis anormalmente elevados de chumbo no sangue das crianças da zona de estudo confirmam que as mortes e outros problemas de saúde registados, especialmente entre as crianças da zona, podem ser atribuídos ao envenenamento por chumbo. Estes valores elevados de BLL estão em conformidade com outros estudos efectuados em Zamfara. Lo *et al.* (2012) tentaram determinar a causa do envenenamento infantil por chumbo em aldeias no noroeste da Nigéria. Investigaram os factores de risco para a mortalidade infantil e identificaram crianças com menos de 5 anos de idade que necessitavam de terapia de quelação de emergência através da administração de um questionário transversal, porta a porta, e da recolha de amostras de sangue para análise. Os resultados revelaram que 97% das crianças testadas apresentavam níveis de chumbo no sangue superiores a 45, enquanto 85% das amostras de sangue excediam o limite máximo de deteção do instrumento LeadCare II (65 g/dl). Os elevados níveis de chumbo no sangue na área de estudo e a elevada concentração de chumbo no solo nas áreas de processamento de minério sugerem que as actividades de processamento de minério contaminaram o ambiente da área de estudo, levando ao envenenamento por chumbo.

4.2.3.3 Remediação da aldeia de Dareta

Os resultados mostraram que a concentração de chumbo em Dareta era muito baixa em comparação com a elevada concentração registada nas outras aldeias mineiras da área de estudo. Após investigação, descobriu-se que foram efectuados esforços de remediação na aldeia de Dareta. Esta foi uma ação combinada que envolveu as autoridades federais e estaduais com assistência técnica e financeira de agências internacionais como o CDC, a OMS, a UNICEF, o Blacksmith Institute e a Terragraphics Engineering.

Na reabilitação, um contaminante é definido como qualquer ruído, calor, vibração ou substância que, quando descarregada no ambiente,

i. Põe em perigo a saúde, a segurança ou o bem-estar das pessoas
ii. Interfere ou é suscetível de interferir com o usufruto normal da vida ou da propriedade
iii. Ponha em perigo a saúde da vida animal, ou
iv. Causa ou é suscetível de causar danos à vida vegetal ou à propriedade.

Os sítios contaminados são áreas de terra, água, águas subterrâneas ou sedimentos que têm níveis de contaminantes que excedem os critérios de remediação. As fontes de contaminação podem incluir o enterramento de resíduos no local, gotejamentos e derrames pequenos e frequentes, acumulação e armazenamento de materiais, grandes derrames e libertações durante incêndios, resíduos de efluentes industriais e resíduos mineiros. A contaminação pode também dever-se à deposição ilegal de solos contaminados. Os sítios contaminados podem ter consequências a curto ou longo prazo para a saúde das pessoas ou para a qualidade do ambiente. Ambiente significa aqui os componentes da Terra e inclui

i. Ar, terra e água
ii. Todas as camadas da atmosfera
iii. Toda a matéria orgânica e inorgânica e organismos vivos, e
iv. Os sistemas naturais em interação que incluem os componentes referidos em (i) a (iii) acima

A remediação pode, por conseguinte, ser definida como a melhoria de um sítio contaminado para prevenir, minimizar ou atenuar os danos para a saúde humana ou para o ambiente. A reparação envolve o desenvolvimento e a aplicação de uma abordagem planeada que remove, destrói, contém ou reduz a disponibilidade de contaminantes para os receptores em causa. Os processos envolvidos na remediação incluem a descoberta de contaminação, notificação inicial, avaliação inicial do local, preparação e apresentação do plano de ação de remediação, implementação do plano de ação de remediação e relatório de encerramento. As investigações e os relatórios das entrevistas efectuadas na aldeia indicaram que estes processos foram levados a cabo em Dareta. A implementação efectiva envolveu a remoção do solo contaminado para uma área de aterro escavada fora da aldeia, e a substituição do solo removido por solo limpo. O resultado da remediação é que o teor de chumbo no solo da aldeia de Dareta diminuiu drasticamente em comparação com as outras aldeias mineiras. Este facto é também confirmado pelos resultados das análises efectuadas neste estudo.

- A poluição por chumbo é claramente responsável pela contaminação ambiental maciça da área de estudo, uma vez que os outros metais tóxicos analisados estavam dentro dos limites padrão aceitáveis
- O elevado teor de chumbo nos BLLs das crianças da área de estudo e o elevado teor de chumbo no solo sugerem que a principal via de exposição ao chumbo nas crianças da área de estudo é a ingestão de solo contaminado e a inalação de poeiras de solo contaminado
- O teor anormalmente baixo de chumbo no solo da aldeia de Dareta pode ser atribuído aos esforços de recuperação que aí tiveram lugar, realçando ainda mais a relação entre a exploração mineira e o envenenamento por chumbo.

4.2.4 Uso e ocupação do solo da área de estudo

Foram determinadas quatro classes de uso e ocupação do solo na área de estudo. Estas eram povoações, massas de água, terrenos agrícolas e coberto vegetal. A preponderância de terrenos agrícolas na área de estudo confirma que as pessoas de Anka são maioritariamente agricultores. No entanto, a observação das verificações no terreno e do trabalho de campo mostra que são principalmente agricultores subsistentes e que existe um elevado nível de pobreza na zona. Isto explica porque é que os aldeões abraçaram prontamente a extração mineira local como uma via para escapar à pobreza, devido aos preços que o ouro atinge. A extração mineira na zona é, portanto, vista como o caminho mais fácil para a riqueza e a abastança, sendo as pessoas ignorantes das implicações ambientais do processamento do minério nas suas aldeias. A análise da utilização/cobertura do solo da área de estudo revelou que as terras agrícolas dominam nos locais não mineiros, contra menos terras agrícolas nos locais mineiros. Este facto pode corroborar a ideia de que os aldeões começaram a abandonar a agricultura em detrimento da exploração mineira local como forma de escapar à pobreza. Observa-se igualmente que a cobertura vegetal na área de estudo é escassa, especialmente na estação seca, confirmando que a área faz parte da região da Savana do norte da Nigéria. Isto é importante porque a falta ou escassez de cobertura vegetal significa que o pó de chumbo resultante da trituração e moagem de rochas contendo minério de ouro se dissemina facilmente nas aldeias e se instala no solo, contaminando tanto o ar como o solo.

RESUMO, CONCLUSÃO E RECOMENDAÇÕES

Síntese das conclusões

O presente estudo visava atingir três objectivos principais, tal como referido nas secções anteriores. Os resultados são resumidos a seguir:

i. Concentração de chumbo, cobre e cádmio - o valor médio da concentração de chumbo nas aldeias mineiras foi de 36.450,67mg/kg e nas aldeias não mineiras foi de 467,33mg/kg. O valor médio da concentração de cobre nas aldeias mineiras foi de 24,87mg/kg e nas aldeias não mineiras foi de 17,65mg/kg. A média para o cádmio foi de 0,18mg/kg para as aldeias mineiras e de 0,14mg/kg para as aldeias não mineiras. Os limites admissíveis para o chumbo, o cobre e o cádmio nos solos são de 400mg/kg, 50mg/kg e 3 - 10mg/kg, respetivamente.

ii. Padrão espacial de dispersão da concentração de chumbo - a presença de chumbo foi registada em todos os locais de amostragem da área de estudo. No entanto, verificou-se uma diferença significativa na concentração de chumbo nas aldeias mineiras e não mineiras. A variação espacial da concentração mostrou que as aldeias mineiras registaram uma elevada concentração de chumbo, enquanto as aldeias não mineiras registaram uma baixa concentração de chumbo.

iii. Relação entre o processamento local de minério de ouro e a concentração de chumbo - estatísticas inferenciais empregando o método t-Test Two Sample aplicado aos valores de chumbo nas aldeias mineiras e não mineiras mostraram que T (tabulado) a um nível de confiança de 95% (0,05) > T (calculado) 0,000005. Isto implica que existe uma diferença significativa entre a concentração de chumbo nas aldeias mineiras e não mineiras da área de estudo.

Conclusão

Este trabalho examinou a distribuição espacial da concentração de chumbo na área de estudo. Casos sem precedentes de envenenamento por chumbo na área forneceram a motivação inicial para estudar a causa, os efeitos e os requisitos para a remediação da situação. Os resultados mostraram que a distribuição espacial do chumbo não foi influenciada em termos de localização, mas baseou-se na distribuição dos pontos locais de extração mineira e de processamento de minério de ouro. A concentração de chumbo foi registada em todos os locais amostrados e analisados, diferindo apenas o nível de concentração entre as aldeias mineiras e não mineiras da área de estudo. As áreas mineiras registaram uma concentração de chumbo muito elevada, enquanto as áreas não mineiras registaram uma concentração de chumbo baixa. Os responsáveis políticos e decisores podem considerar estes dados úteis para determinar as áreas que necessitam urgentemente de intervenção

O estudo também procurou determinar se outros metais pesados, frequentemente encontrados em associação com a extração e transformação de ouro e chumbo, contribuíram para a contaminação ambiental da área de estudo. O cobre e o cádmio foram analisados para determinar a sua concentração e nível de toxicidade quando comparados com as normas internacionalmente aceites. Os resultados mostraram que a concentração de cobre e cádmio na área de estudo estava dentro dos limites internacionalmente aceites. No entanto, o cobre apresentou uma concentração relativamente mais elevada nas áreas de processamento de minério do que nas áreas que não são de processamento de minério. Podemos concluir que o cobre e o cádmio não estão implicados na contaminação ambiental da área de estudo.

O estudo também procurou estabelecer uma relação entre o processamento do minério de ouro e a concentração de chumbo no solo da área de estudo. Os dados sobre os níveis de chumbo no sangue das crianças da área de estudo, bem como os dados sobre o solo, foram objeto de técnicas de análise estatística descritiva e inferencial. Foi demonstrada a existência de uma relação entre a extração mineira e o processamento de minério de ouro e a concentração de chumbo no solo da área de estudo. Podemos concluir, portanto, que a extração e o processamento de minério de ouro são a causa da contaminação maciça de chumbo na área de estudo, levando ao envenenamento por chumbo.

Com base nos resultados, nas conclusões e nas inferências tiradas, foram feitas algumas recomendações na esperança de que a crise atual possa ser resolvida de forma holística e de que se evite a sua recorrência. O estudo foi também uma tentativa de contribuir para o conjunto de conhecimentos existentes sobre a poluição ambiental na Nigéria, especialmente no que diz respeito às actividades mineiras. A paisagem nigeriana é pontilhada de minas informais (ASM) com um risco potencial muito grande de contaminação ambiental maciça. Este estudo chamou a atenção do MCO para introduzir, monitorizar e aplicar práticas mineiras mais seguras no país.

Contribuição para o conhecimento

Os contributos distintos deste estudo para o corpo de conhecimentos existente são destacados a seguir:

i. A literatura revelou que foram efectuados poucos estudos sobre o envenenamento por chumbo nos países em desenvolvimento, especialmente em África. Esta é considerada uma lacuna enorme e perigosa, tendo em conta as actividades não controladas dos mineiros ilegais, particularmente na Nigéria. Este estudo é uma tentativa modesta de preencher esta lacuna no que respeita a Anka, no Estado de Zamfara.

ii. A partir da literatura, também é evidente que as dimensões espaciais do envenenamento por chumbo continuam a ser mal compreendidas no mundo em desenvolvimento devido à persistente falta de dados. Em algumas áreas onde foram efectuados estudos, apenas a componente clínica (análise dos níveis de chumbo no sangue e tratamento) foi enfatizada. O presente estudo apercebeu-se desta lacuna e, consequentemente, deu ênfase ao padrão espacial de propagação da poluição por chumbo na área de estudo.

iii. O Estado de Zamfara tem sido descrito como um hotspot de exposição ao chumbo e de poluição ambiental por chumbo. O mapeamento do envenenamento por chumbo em Anka apoiará a formulação de políticas e a tomada de decisões no planeamento e implementação da reparação. Além disso, as comunidades locais podem isolar as áreas contaminadas, especialmente das crianças.

Recomendações

Este estudo estabeleceu que existe um teor anormalmente elevado de chumbo no solo da área de estudo. Os níveis de chumbo no sangue de crianças com menos de 5 anos de idade também foram considerados anormalmente elevados em resultado da contaminação do ambiente por chumbo. O estudo também estabeleceu que existe uma relação entre a extração e o processamento artesanal de minério de ouro na área de estudo e os casos relatados de envenenamento por chumbo. Com base nestas conclusões, são recomendados os seguintes cursos de ação.

Ação de cooperação

Deve ser empreendida uma ação de cooperação entre as partes interessadas internacionais e as autoridades federais, estatais e locais da Nigéria para eliminar ou reduzir o envenenamento por chumbo nesta área. 3 pilares para uma resposta eficaz à crise devem incluir:

i. Cuidados médicos, incluindo terapia de quelação e educação para a saúde
ii. Reparação ambiental
iii. Práticas mineiras mais seguras

O primeiro e o segundo pilares foram demonstrados na reabilitação da aldeia de Dareta, com resultados muito positivos, tal como salientado neste estudo. O terceiro pilar é da competência do Gabinete de Cadastro Mineiro da Nigéria (MCO), que tem a responsabilidade constitucional de supervisionar as actividades mineiras e as minas do país. O MCO deve introduzir, monitorizar e fazer cumprir práticas mineiras mais seguras.

Campanha de sensibilização

As mensagens de saúde devem ser comunicadas e a sensibilização para os riscos deve ser reforçada através de visitas de sensibilização dos funcionários da saúde e de outros profissionais às aldeias afectadas, de reuniões nas praças das aldeias e de jingles nas estações de rádio. As mensagens que se seguem devem fazer parte da campanha de sensibilização do público:

- O processamento do minério só deve ocorrer fora das aldeias
- As crianças não devem ser autorizadas a brincar em antigos locais de processamento de minério. Devem lavar as mãos em água não afetada antes de comer para evitar contaminar os alimentos com terra de chumbo
- Os moinhos utilizados para a transformação de minério não devem ser utilizados para a transformação de géneros alimentícios. Do mesmo modo, os sacos utilizados para o transporte de minério e os almofarizes e pilões utilizados para triturar minério não devem ser utilizados para o transporte e a transformação de géneros alimentícios
- As informações sobre práticas mineiras mais seguras devem ser divulgadas junto dos mineiros

Estudo dos percursos alimentares

Deve ser efectuado um estudo das vias alimentares (gado, culturas), uma vez que se verificou que o gado bebia em lagos que podem estar contaminados e que as culturas podem crescer em solos contaminados.

Estudo da poluição por mercúrio

Este estudo destacou o papel do mercúrio na extração de ouro pelos mineiros artesanais e, por conseguinte, o mercúrio representa uma ameaça ambiental nestas áreas, não podendo ser excluídos os efeitos tóxicos. Por conseguinte, é necessário estudar a poluição por mercúrio antes que se torne numa crise, como é o caso do chumbo. Uma vez que o mercúrio é muito tóxico, poderia facilmente prejudicar a saúde das pessoas expostas, especialmente das crianças que tendem a brincar no solo onde o mercúrio pode ter sido derramado.

Estudo mais aprofundado de todo o Estado

É claramente necessário um estudo mais aprofundado de todo o estado, uma vez que a extensão geográfica e o número de pessoas potencialmente afectadas ainda não são conhecidos. Todas as aldeias do Estado de Zamfara ainda não avaliadas, onde se suspeite e/ou confirme a existência de actividades mineiras e de processamento de minério, devem ser imediatamente avaliadas quanto à possível poluição e envenenamento por chumbo.

Investigação para determinar as normas adequadas para a Nigéria

Durante este estudo, foram aplicadas as normas da US-EPA para o chumbo no solo e a norma da NESREA. No entanto, devido ao solo nu, às estradas não pavimentadas e à falta de cobertura vegetal, é provável que as crianças nas aldeias da área de estudo e, na verdade, na maioria das aldeias da Nigéria, interajam com o solo no seu ambiente de forma mais próxima e frequente do que as crianças nos EUA, o que pode resultar num aumento da exposição a níveis de chumbo no solo inferiores aos limiares da USEPA. Tendo em conta este facto, justifica-se uma investigação mais aprofundada por parte das autoridades nigerianas competentes para determinar as normas adequadas no nosso tipo de comunidades.

REFERÊNCIAS

Aronoff, S. (1989). Geographic Information Systems: A Management Perspective. 4th Edition. WDL Publications, Ottawa. P294

Battersby, W. (2008). Identificação da provável origem do envenenamento por chumbo observado em membros da expedição de Franklin. *Jornal da Sociedade Haklyuyt.*

Instituto dos Ferreiros (2010). Relatório Anual. Nova Iorque, Blacksmith Institute

Instituto dos Ferreiros (2011). Relatório de Conclusão do Projeto: Nigeria Lead Poisoning Crisis (Crise de Envenenamento por Chumbo na Nigéria). Nova Iorque, Blacksmith Institute.

CCME (1999). Canadian Soil Quality Guidelines for the Protection of Environmental and Human Health (Diretrizes canadianas sobre a qualidade do solo para a proteção do ambiente e da saúde humana): Chumbo (1999). In: Canadian Environmental Quality Guidelines 1999. Conselho Canadiano de Ministros do Ambiente.

CDC (2004). Using GIS to Assess and Diret Childhood Lead Poisoning Prevention: Guidance for State and Local Childhood Poisoning Prevention Programs (Orientação para programas estaduais e locais de prevenção de envenenamento por chumbo na infância). Workshop GIS do Programa de Prevenção de Envenenamento por Chumbo na Infância. Atlanta, Centros de Controlo e Prevenção de Doenças. Pp 7-15.

CDC (2005). Preventing Lead Poisoning in Young Children (Prevenção do envenenamento por chumbo em crianças pequenas). Atlanta, Centers for Disease Control and Prevention (Centros de Controlo e Prevenção de Doenças).

Cheng, H. e Hu, Y. (2010). Impressão digital isotópica de chumbo (Pb) e sua aplicação em estudos de poluição por chumbo na China: A Review. *Environmental Pollution.* 158. Pp 1134-1146.

Chigbu, N., Orisakwe, K. U. e Igbokwe, J. I. (2011). Análise das mudanças no uso e cobertura do solo de Aba usando imagens de satélite de média resolução. Semana de trabalho FIG 2011.

Dooyema, C. A., Neri, A., e Lo, Y. C. (2012). Surto de envenenamento fatal por chumbo na infância relacionado com a extração artesanal de ouro no noroeste da Nigéria, 2010. *Perspectivas de Saúde Ambiental.* Vol. 120, No. 4. Pp 601-607.

Epimonitor (2011). Um olhar nos bastidores do pior surto de envenenamento por chumbo registado. *O Monitor de Epidemiologia.*

Eisler, R. (1988). Lead Hazards to Fish, Wildlife, and Invertebrates: A Synoptic Review. Serviço de Pesca e Vida Selvagem dos EUA. Relatório Biológico 85 (1.14).

Ezigbo, V. O. (2011). Determinação das concentrações de metais vestigiais nos solos da área governamental local de Nnewi North. *Jornal de Investigação Física Básica.* Vol. 2, No. 1. Pp 82-85.

Fewtrell, L., Kaufmann, R., e Pruss-Ustun, A. (2003). Lead: Assessing the Burden of Disease at National and Local Levels. Genebra, Organização Mundial de Saúde (WHO Environmental Burden of Disease Series, No. 2).

Fewtrell, L. J., Pruss-Ustun, A., Landrigan, P. e Ayuso-Mateos, J. L. (2004). Estimating the Global Burden of Disease of Mild Mental Retardation and Cardiovascular Diseases from Environmental Lead Exposure (Estimativa do peso global da doença do atraso mental ligeiro e das doenças cardiovasculares decorrentes da exposição ambiental ao chumbo). *Environmental Research.* 94 (2). Pp 120-133.

Gould, E. (2010). Lead Poisoning: Conservative Estimates of the Social and Economic Benefits of Lead Hazard Control [Estimativas conservadoras dos benefícios sociais e económicos do controlo do risco de chumbo]. Parceria para o Sucesso Económico da América. Documento temático n.º 11. Pp 5-13

Hernberg, S. (2000). Lead Poisoning in a Historical Perspective (Envenenamento por chumbo numa perspetiva histórica). *Jornal Americano de Medicina Industrial.* Vol. 38. Pp 244-254.

Huisman, O. e de By, R. A. (Eds. 2009). Princípios dos Sistemas de Informação Geográfica. 4th Edition. ITC Educational Textbook Series; 1. Instituto Internacional de Ciência da Geoinformação e Observação da Terra, Enschede, Países Baixos. P258.

Kumar, R. (2005). Metodologia de investigação: A Step-by-Step Guide for Beginners. 2nd Edição. SAGE Publications, Londres. P332.

Lo, Y. C., Dooyema, C. A., e Neri, A. (2012). Envenenamento por chumbo na infância associado ao processamento de minério de ouro: A Village-Level Investigation - Zamfara State,

Nigéria, outubro-novembro de 2010. *Environmental Health Perspectives*. Vol. 120, No. 10. Pp 1450-1455.
Mielke, H. W. e Reagan, P. L. (1998). Soil: An Important Pathway of Human Lead Exposure (Solo: Uma Via Importante de Exposição Humana ao Chumbo*). Environmental Health Perspectives*. Vol. 106 (Suppl. 1). Pp 217229.
Mitra, A. K., Haque, A., Islam, M., e Bashar, S. K. (2009). Lead Poisoning: An Alarming Health Problem in Bangladesh. *Jornal Internacional de Investigação Ambiental e Saúde Pública*. Pp 84-95.
MMSD (2010a). Depósitos de ouro: Exploration Opportunities in Nigeria [Oportunidades de exploração na Nigéria]. Abuja, Ministério das Minas e do Desenvolvimento do Aço. Disponível: http://www.mmsd.gov.ng/downloads/Gold.pdf [acedido em 15 de novembro de 2012].
MMSD (2010b). Chumbo-Zinco: Oportunidades de Exploração na Nigéria. Abuja, Ministério das Minas e do Desenvolvimento do Aço. Disponível: http://www.mmsd.gov.ng/downloads/Lead%Zinc.pdf. [Acedido em 15 de novembro de 2012].
MMSD (2010c). Nigerian Mining Cadastre. Abuja, Ministério das Minas e do Desenvolvimento do Aço. Disponível: http://www.mmsd.gov.ng/downloads/miningcadastre.pdf. [Acedido em 15 de novembro de 2012].
MSF (2012). Crise de envenenamento por chumbo no estado de Zamfara, norte da Nigéria. Documento informativo de Médicos Sem Fronteiras, maio de 2012.
Departamento de Saúde e Higiene Mental da Cidade de Nova Iorque (2007). Lead Poisoning: Prevention, Identification, and Management. *Informação sobre Saúde na Cidade*. Vol. 26 (3). Pp 15-22.
O'Dwyer, L. (1998). The Use of GIS in Identifying Risk of Lead Poisoning in Australia (A utilização do SIG na identificação do risco de envenenamento por chumbo na Austrália). *Actas do 10º Colóquio do Centro de Investigação de Informação Espacial*, 15-19 de novembro de 1998. Pp 247-258.
Ogunseitan, A. O. e Smith, R. T. (2007a). Social and Ecological Mediators of Environmental Lead Exposure in Nigeria (Mediadores sociais e ecológicos da exposição ambiental ao chumbo na Nigéria). *Jornal Africano de Ciência e Tecnologia Ambiental*. Vol. 1 (3). Pp 053-058.
Ogunseitan, A. O. e Smith, R. T. (2007b).The Cost of Environmental Lead Poisoning in Nigeria. *Jornal Africano de Ciência e Tecnologia Ambiental*. Vol. 1 (2). Pp 027-036.
Perham, K. E. (2009). Risco de envenenamento por chumbo na cidade de Hartford: A GIS Analysis. Conferência ESRI Health GIS. 21 de setembro de 2009. Pp 2-14
Pruss-Ustun, A., Fewtrell, L., Landrigan, P. J. e Ayuso-Mateos, J. L. (2004). Exposição ao chumbo. Em Ezzati, M., Lopez, A. D., Rodgers, A. e Murray, C. J. L. (Eds). Comparative Quantification of Health Risks: Global and Regional Burden of Disease Attributable to Selected Major Risk Factors. Genebra, Organização Mundial de Saúde.
Riederer, A. M., Clune, A. L., e Falk, H. (2011). Mapeamento do envenenamento ambiental global por chumbo em crianças. *Journal of Health and Pollution*. Vol. 1, No. 2.
Tong, S., van Schirnding, Y. E. e Prapamontol, T. (2000). Environmental Lead Exposure: Um problema de saúde pública de dimensões globais. Boletim da Organização Mundial de Saúde, 78 (9). Pp 1068-1077.
Udiba, U. U., Ogabiele, E. E., Hammuel, C., Mgomya, A. M., Yebpella, G. G., Ade-Ajayi, A. F., Odey, M. O. e Gauje, B. (2012). Avaliação Pós-Remediação dos Níveis de Contaminantes no Solo, Aldeia de Dareta, Zamfara, Nigéria. Tendências em Ciência e Engenharia Avançadas (TASE). Vol. 4 (1). Pp 70-79.
Uluocha, N. O. (2007).Elementos de Sistemas de Informação Geográfica. Publicações Sam Iroanusi, Lagos. P145.
UNEP/OCHA (2010). Crise de poluição e envenenamento por chumbo: Missão de Resposta a Emergências Ambientais, Estado de Zamfara, Nigéria. Genebra, Unidade Ambiental Conjunta PNUA/OCHA.
UNEP-UNICEF (1997). Childhood Lead Poisoning: Information for Advocacy and Action. United Nations Environmental Program-United Nations Children Educational Fund Information Series (Programa das Nações Unidas para o Ambiente-Fundo das Nações Unidas para a Educação das Crianças).
US-EPA (2001). Identification of Dangerous Levels of Lead; Final Rule. Agência de Proteção

Ambiental dos Estados Unidos, Washington, DC. Pp 1068-1077.
van Geen, A., Bravo, C., Gil, V., Sherpa, S. e Jack, D. (2012). Exposição ao chumbo nas cidades mineiras do Peru. Boletim da Organização Mundial de Saúde. BLT. 12. 106419.
OMS (2010). Exposição ao chumbo: A Major Public Health Concern (Uma grande preocupação de saúde pública). Genebra, Organização Mundial de Saúde.
OMS (2011a). Chumbo na água potável. Documento de referência para o desenvolvimento das diretrizes *da OMS* para a qualidade da água potável. Genebra, Organização Mundial de Saúde. WHO/SDE/WSH/03.04/09/Rev/1.
OMS (2011b). Brief Guide to Analytical Methods for Measuring Lead in Blood (Guia breve de métodos analíticos para medição de chumbo no sangue). Genebra, Organização Mundial de Saúde.
OMS (2011c). Uma atualização sobre crianças com intoxicação por chumbo em Zamfara, Nigéria. Relatório do Conselho do Ouro Artesanal sobre Zamfara. Genebra, Organização Mundial de Saúde.
Banco Mundial (2009). Cadastro de Direitos Minerais. Extractive Industries for Development Series No. 4. Washington, DC, Banco Mundial. Pp 8-14.

More Books!

yes

I want morebooks!

Buy your books fast and straightforward online - at one of world's fastest growing online book stores! Environmentally sound due to Print-on-Demand technologies.

Buy your books online at
www.morebooks.shop

Compre os seus livros mais rápido e diretamente na internet, em uma das livrarias on-line com o maior crescimento no mundo! Produção que protege o meio ambiente através das tecnologias de impressão sob demanda.

Compre os seus livros on-line em
www.morebooks.shop

info@omniscriptum.com
www.omniscriptum.com

OMNIScriptum

MIX
Papier aus verantwortungsvollen Quellen
Paper from responsible sources
FSC® C105338

Printed by Books on Demand GmbH, Norderstedt / Germany